北京常见

草地植物识别手册

刘进祖　张一鸣　编著
赵欣胜　高永龙

中国林业出版社
China Forestry Publishing House

图书在版编目（CIP）数据

北京常见草地植物识别手册 / 刘进祖等编著 . — 北京：中国林业出版社，2023.9

ISBN 978-7-5219-2340-7

Ⅰ. ①北… Ⅱ. ①刘… Ⅲ. ①草地－植物－北京－手册 Ⅳ. ① Q948.521-62

中国国家版本馆 CIP 数据核字（2023）第 180417 号

责任编辑：刘香瑞

出版发行：中国林业出版社
　　　　　（100009，北京市西城区刘海胡同 7 号，
　　　　　电话 010-83143545）
电子邮箱：36132881@qq.com
网址：www.forestry.gov.cn/lycb.html
印刷：北京雅昌艺术印刷有限公司
版次：2023 年 9 月第 1 版
印次：2023 年 9 月第 1 次
开本：787 mm×1092 mm　1/32
印张：10
字数：269 千字
定价：88.00 元

《北京常见草地植物识别手册》
编著及编委名单

编　著：刘进祖　张一鸣　赵欣胜　高永龙

编　委：蒋　薇　李瑞生　张　峰　薛　康　孙海宁
　　　　张　恒　孙艳丽　于　涛　史少维　戴日新
　　　　邢晓静　韩　艺　周彩玲　常宝成　吴　琼
　　　　相莹莹　李卫兵　李　勇　吕康梅　韦艳葵
　　　　林　岭　刘　倩　杨春欣　周　珊　温志勇
　　　　白玉洁　安　康　徐　震　张京辉

前言

草本植物是指茎内木质部不发达、含木质化细胞少、支持力弱的植物。草本植物体形一般都很矮小，寿命较短，茎秆柔弱，多数在生长季节终了时地上部分或整株植物体死亡。根据完成整个生活史的年限长短，分为一年生、二年生和多年生草本植物。

草本植物在自然界和人类生活中发挥着重要的作用。它们的特点和分类多样性使其成为生态系统的重要组成部分，并为人类提供生活和发展的种种益处。它们可以改善土壤结构，提高土壤肥力，减少水土流失。同时，草本植物还是许多昆虫、鸟类和其他动物的食物来源。草本植物具有丰富的药用价值，广泛应用于中草药、西药和保健品的研发。此外，草本植物通过蒸腾、光合作用等，发挥着降低局地温度、增加空气相对湿度的重要作用，通过释放氧气和负氧离子，以及阻挡、过滤、吸附、滞留空气中悬浮颗粒物，发挥着优化空气质量的作用。

北京市草本植物资源主要分布于房山区、门头沟区，其次是昌平区、怀柔区、平谷区、延庆区、密云区等。北京市草本植物主要有三大类，即暖性灌草丛类、山地草甸类和低地草甸类。

本书介绍了北京市常见维管草本植物283种。植物种类的选择上除了考虑常见之外，还选择了一些具有本地特色的植物。在编写中，精选最能反映物种特征的生态照片，配以精炼的文字描述，并将关键识别特征用波浪线画出，方便读者准确快速识别。本书由专业团队编写，鉴定准确，简明通俗，科学实用，小巧便携，是中小学生科普研学、高校师生野外实习、林业工作者科考调查的必备工具书，也是社会公众认识和了解北京及华北地区野外草地植物的重要"窗口"和"利器"。

感谢刘焱在植物鉴定、图片提供等方面的帮助和建议！

编写时间仓促，错漏之处敬请读者批评指正。

真实的大自然远比本书精彩，愿本书能陪伴您领略大自然的神奇和美妙！

编著者

2023年6月

目录

目录

目录

银粉背蕨 *Aleuritopteris argentea*

凤尾蕨科 Pteridaceae　　　粉背蕨属 *Aleuritopteris*

植株高 15~30cm。根状茎直立或斜升（偶有沿石缝横走），先端被披针形、棕色、有光泽的鳞片。叶簇生；叶柄长 10~20cm；叶片五角形，长宽几相等。叶干后草质或薄革质，上面褐色、光滑，叶脉不显，下面被乳白色或淡黄色粉末，裂片边缘有明显而均匀的细齿牙。孢子囊群较多；囊群盖连续，狭，膜质，黄绿色，全缘；孢子极面观为钝三角形，周壁表面具颗粒状纹饰。

陕西粉背蕨 *Aleuritopteris argentea* var. *obscura*

凤尾蕨科 Pteridaceae　　粉背蕨属 *Aleuritopteris*

植株高 15~35cm。根状茎短而直立，密被鳞片，鳞片中间亮褐色，边缘有棕色狭边的披针形。叶簇生，叶柄长 8~25cm，粗 0.1~0.2cm，栗红色；叶片五角形。叶干后纸质或薄革质，叶脉不显，上面光滑，下面无粉末；羽轴、小羽轴与叶轴同色，末回裂片边全缘或具微齿。孢子囊群线形或圆形，周壁疏具颗粒状纹饰。

团羽铁线蕨 *Adiantum capillus-junonis*

凤尾蕨科 Pteridaceae   铁线蕨属 *Adiantum*

植株高 8~15cm。根状茎短而直立，被褐色披针形鳞片。叶簇生；柄长 2~6cm，粗约 0.5cm，纤细如铁丝，深栗色，有光泽；叶片披针形，长 8~15cm，宽 2.5~3.5cm，一回奇数羽状；羽片 4~8 对，下部的对生，上部的近对生，斜向上，具明显的柄，柄端具关节，下部数对羽片大小几相等。孢子周壁具粗颗粒状纹饰。

铁线蕨 *Adiantum capillus-veneris*

凤尾蕨科 Pteridaceae　　铁线蕨属 *Adiantum*

植株高 15~40cm。根状茎细长横走，密被棕色披针形鳞片。叶远生或近生；柄长 5~20cm，粗约 1mm，纤细，栗黑色，有光泽，基部被与根状茎上同样的鳞片，向上光滑，基部楔形，中部以下多为二回羽状，中部以上为一回奇数羽状。孢子囊群生于由变质裂片顶部反折的囊群盖下面；囊群盖圆肾形至矩圆形，全缘。

卷柏 *Selaginella tamariscina*

卷柏科 Selaginellaceae　　卷柏属 *Selaginella*

土生或石生，复苏植物，呈垫状。根托只生于茎的基部，长 0.5~3cm，直径 0.3~1.8mm，根多分叉，密被毛，和茎及分枝密集形成树状主干，有时高达数十厘米。主茎自中部开始羽状分枝或不等二叉分枝，无关节；侧枝 2~5 对，二至三回羽状分枝，小枝稀疏，规则，分枝无毛。叶全部交互排列，二型，边缘不为全缘，具白边；中叶不对称，小枝上的椭圆形。孢子叶穗紧密，四棱柱形。

垫状卷柏 *Selaginella pulvinata*

卷柏科 Selaginellaceae   卷柏属 *Selaginella*

无匍匐根状茎或游走茎。根托只生于茎的基部，长
2~4cm，直径 0.2~0.4mm，根多分叉，密被毛，和茎及分枝
密集形成树状主干，高数厘米。主茎自近基部羽状分枝，禾
秆色或棕色，主茎下部直径 1mm，不具沟槽，维管束 1 条；
侧枝 4~7 对，二至三回羽状分枝，小枝排列紧密，主茎上相
邻分枝相距约 1cm，分枝无毛。叶全部交互排列，二型，不
具白边。孢子叶穗紧密，四棱柱形，单生于小枝末端。

旱生卷柏 *Selaginella stauntoniana*

卷柏科 Selaginellaceae　卷柏属 *Selaginella*

具一横走的地下根状茎，其上生鳞片状红褐色的叶。根托只生横走茎上，长 0.5~1.5cm，直径 0.3~0.5mm，根多分叉，密被毛。主茎上部分枝或自下部开始分枝，无关节，红色或褐色。叶交互排列，二型，边缘不为全缘，不具白边。孢子叶穗紧密，四棱柱形，单生于小枝末端；孢子叶一型，卵状三角形，边缘膜质撕裂或撕裂状具睫毛，透明。

中华卷柏　*Selaginella sinensis*

卷柏科 Selaginellaceae　　卷柏属 *Selaginella*

匍匐，长 15~45cm，或更长。根托在主茎上断续着生，自主茎分叉处下方生出，长 2~5cm，纤细，直径 0.1~0.3mm，根多分叉，光滑。主茎通体羽状分枝，无关节，禾秆色，主茎下部直径 0.4~0.6mm，茎圆柱状，不具纵沟，光滑无毛，内具维管束 1 条。叶全部交互排列，略二型，纸质，表面光滑，边缘非全缘，具白边。孢子叶穗紧密，四棱柱形，单个或成对生于小枝末端。

^{màn}蔓出卷柏 *Selaginella davidii*

卷柏科 Selaginellaceae 卷柏属 *Selaginella*

匍匐，长 5~15cm，无横走根状茎或游走茎。根托在主茎上断续着生，长 0.5~5cm，直径 0.1~0.2mm。主茎通体羽状分枝，无关节，禾秆色，具沟槽，无毛，维管束 1 条；侧枝 3~6 对，一回羽状分枝，分枝稀疏，分枝无毛，背腹压扁。叶全部交互排列，二型，明显具白边。孢子叶穗紧密，四棱柱形，单生于小枝末端。

鞭叶耳蕨　*Polystichum craspedosorum*

鳞毛蕨科 Dryopteridaceae　　　耳蕨属 *Polystichum*

植株高 10~20cm。根茎直立，密生披针形棕色鳞片。叶簇生，叶柄长 2~6cm，基部直径 1~2mm；叶片线状披针形或狭倒披针形，长 10~20cm，宽 2~4cm，先端渐狭，基部略狭，一回羽状；羽片 14~26 对，下部的对生，向上为互生。孢子囊群通常于羽片上侧边缘排成一行，有时下侧也有；囊群盖大，圆形，全缘，盾状。

有柄石韦 ^wéi *Pyrrosia petiolosa*

水龙骨科 Polypodiaceae　　石韦属 *Pyrrosia*

植株高 5~15cm。根状茎细长横走，幼时密被披针形棕色鳞片；鳞片长尾状渐尖头，边缘具睫毛。叶具长柄，通常为叶片长度的 0.5~2 倍；叶片椭圆形，基部楔形，下延。叶干后厚革质，全缘，上面灰淡棕色，有洼点，疏被星状毛，下面被厚层星状毛，初为淡棕色，后为砖红色；主脉下面稍隆起，上面凹陷，侧脉和小脉均不显。孢子囊群布满叶片下面，成熟时扩散并汇合。

日本安蕨 *Anisocampium niponicum*

蹄盖蕨科 Athyriaceae　　安蕨属 *Anisocampium*

　　根状茎横卧，斜升，先端和叶柄基部密被浅褐色、狭披针形的鳞片。叶簇生；小羽片（8~）12~15 对，互生，斜展或平展，有短柄或几无柄，常为阔披针形或长圆状披针形。叶干后草质或薄纸质，灰绿色或黄绿色，两面无毛；叶轴和羽轴下面带淡紫红色，略被浅褐色线形小鳞片。孢子囊群长圆形、弯钩形或马蹄形，孢子周壁表面有明显的条状褶皱。

中华蹄盖蕨　*Athyrium sinense*

踢盖蕨科 Athyriaceae　　踢盖蕨属 *Athyrium*

根状茎短，直立，先端和叶柄基部密被深褐色、卵状披针形或披针形的鳞片。叶簇生，叶片长圆状披针形，长25~65cm，宽15~25cm，先端短渐尖，基部略变狭，二回羽状；羽片约15对，基部的近对生，向上的互生，斜展，无柄；小羽片约18对，基部一对狭三角状长圆形，长8~10mm，宽3~4mm，并有短尖齿，基部不对称。孢子囊群多为长圆形；孢子周壁表面无褶皱。

东北蹄盖蕨　*Athyrium brevifrons*

蹄盖蕨科 Athyriaceae　　蹄盖蕨属 *Athyrium*

根状茎短，直立或斜升，先端和叶柄基部密被深褐色、披针形的大鳞片；叶簇生。能育叶长 35~120cm；叶柄长 15~55cm，基部直径 2.5~4（~6）mm，黑褐色；叶片卵形至卵状披针形，长 20~65cm；羽片 15~18 对，基部 1~2 对对生，向上的互生，斜展，近无柄或有极短柄。叶干后坚草质，褐绿色，两面无毛。孢子囊群长圆形、弯钩形或马蹄形。

北京铁角蕨 *Asplenium pekinense*

铁角蕨科 Aspleniaceae　　铁角蕨属 *Asplenium*

植株高 8~20cm。根状茎短而直立，先端密被鳞片；鳞片披针形，长 2~4mm，黑褐色，全缘或略呈微波状。叶簇生；叶柄长 2~4cm，粗 0.8~1mm，淡绿色，下部疏被与根状茎上同样的鳞片，向上疏被黑褐色的纤维状小鳞片；叶片披针形，长 6~12cm，中部宽 2~3cm，先端渐尖，基部略变狭，二回羽状或三回羽裂；羽片 9~11 对。

过山蕨 *Asplenium ruprechtii*

铁角蕨科 Aspleniaceae　　铁角蕨属 *Asplenium*

植株高达 20cm。根状茎短小，直立，先端密被小鳞片；鳞片披针形，黑褐色膜质，全缘。叶簇生；基生叶不育，较小，柄长 1~3cm，叶片长 1~2cm，宽 5~8mm。叶脉网状，叶草质，干后暗绿色，无毛。孢子囊群线形或椭圆形，囊群盖狭。

蕨 *Pteridium aquilinum* var. *latiuculum*

碗蕨科 Dennstaedtiaceae　　蕨属 *Pteridium*

植株高可达 1m。根状茎长而横走，密被锈黄色柔毛，以后逐渐脱落。叶片阔三角形或长圆三角形，先端渐尖，基部圆楔形，三回羽状；羽片 4~6 对，对生或近对生，斜展，基部一对最大（向上几对略变小），三角形。叶干后近革质或革质，暗绿色，上面无毛，下面在裂片主脉上多少被棕色或灰白色的疏毛或近无毛。

溪洞碗蕨 *Dennstaedtia wilfordii*

姬蕨科 Dennstaedtiaceae   碗蕨属 *Dennstaedtia*

根状茎细长，横走，黑色，疏被棕色节状长毛。叶二列疏生或近生；柄长 14cm 左右，粗仅 1.5mm，基部栗黑色。叶片长 27cm 左右，宽 6~8cm，长圆披针形，先端渐尖或尾尖，二至三回羽状深裂；羽片 12~14 对，长 2~6cm，宽 1~2.5cm，卵状阔披针形或披针形；叶薄草质，干后淡绿或草绿色，通体光滑无毛；叶轴上面有沟，下面圆形，禾秆色。孢子囊群圆形，囊群盖半盅形，淡绿色。

耳羽岩蕨　*Woodsia polystichoides*

岩蕨科 Woodsiaceae　　岩蕨属 *Woodsia*

植株高 15~30cm。根状茎短而直立，先端密被鳞片；鳞片披针形或卵状披针形，长约 4mm，先端渐尖，棕色，膜质，全缘。叶簇生；柄长 4~12cm，顶端或上部有倾斜的关节；叶片线状披针形或狭披针形，一回羽状，羽片 16~30 对，近对生或互生；叶纸质或草质，干后草绿色或棕绿色，上面近无毛或疏被长毛，下面疏被长毛及线形小鳞片。孢子囊群圆形，囊群盖杯形，边缘浅裂并有睫毛。

黄花菜 *Hemerocallis citrina*

阿福花科　Asphodelaceae　　萱草属 *Hemerocallis*

　　植株一般较高大；根近肉质，中下部常有纺锤状膨大。叶 7~20 枚，长 50~130cm，宽 6~25mm。苞片披针形，下面的长可达 3~10cm，自下向上渐短，宽 3~6mm；花被淡黄色；花被管长 3~5cm。蒴果钝三棱状椭圆形，长 3~5cm；种子约 20 颗，黑色，有棱，从开花到种子成熟需 40~60 天。花果期 5~9 月。

北黄花菜 *Hemerocallis lilioasphodelus*

阿福花科 Asphodelaceae　　萱草属 *Hemerocallis*

根大小变化较大，但一般稍肉质，粗 2~4mm。叶长 20~70cm，宽 3~12mm。花序分枝，常为假二歧状的总状花序或圆锥花序，具 4 至多朵花；苞片披针形，在花序基部的长可达 3~6cm，上部的长 0.5~3cm，宽 3~5（~7）mm；花梗明显，长短不一，一般长 1~2cm；花被淡黄色，花被裂片长 5~7cm。蒴果椭圆形。花果期 6~9 月。

小黄花菜 *Hemerocallis minor*

阿福花科 Asphodelaceae　萱草属 *Hemerocallis*

根一般较细，绳索状。叶长 20~60cm，宽 3~14mm。花葶稍短于叶或近等长，顶端具 1~2 花，少有具 3 花；花梗很短；苞片近披针形，长 8~25mm，宽 3~5mm；花被淡黄色；花被管通常长 1~2.5cm，极少能近 3cm；花被裂片长 4.5~6cm，内三片宽 1.5~2.3cm。蒴果椭圆形或矩圆形，长 2~2.5cm，宽 1.2~2cm。花果期 5~9 月。

有斑百合 *Lilium concolor* var. *pulchellum*

百合科 Liliaceae　　百合属 *Lilium*

鳞茎卵球形，高 2~3.5cm，直径 2~3.5cm；鳞片卵形或卵状披针形。叶散生，条形，长 3.5~7cm，宽 3~6mm，脉 3~7 条。花 1~5 朵排成近伞形或总状花序；花被片有斑点，矩圆状披针形，长 2.2~4cm，宽 4~7mm。蒴果矩圆形，长 3~3.5cm，宽 2~2.2cm。花期 6~7 月，果期 8~9 月。

山丹　*Lilium pumilum*

百合科 Liliaceae　　百合属 *Lilium*

鳞茎卵形或圆锥形，高 2.5~4.5cm，直径 2~3cm；鳞片矩圆形或长卵形，长 2~3.5cm，宽 1~1.5cm，白色。茎高 15~60cm，有小乳头状突起，有的带紫色条纹。叶散生于茎中部，条形，长 3.5~9cm，宽 1.5~3mm，中脉下面突出，边缘有乳头状突起。花单生或数朵排成总状花序，鲜红色，通常无斑点，有时有少数斑点。蒴果矩圆形。花期 7~8 月，果期 9~10 月。

点地梅　*Androsace umbellata*

报春花科 Primulaceae　　点地梅属 *Androsace*

主根不明显，具多数须根。叶全部基生，叶片近圆形或卵圆形，直径5~20mm，先端钝圆，基部浅心形至近圆形，边缘具三角状钝牙齿，两面均被贴伏的短柔毛；叶柄长1~4cm，被开展的柔毛。伞形花序4~15花，花梗纤细，长1~3cm。蒴果近球形，直径2.5~3mm，果皮白色。花期2~4月，果期5~6月。

狭叶珍珠菜 *Lysimachia pentapetala*

报春花科 Primulaceae　　珍珠菜属 *Lysimachia*

全体无毛。茎直立，高 30~60cm，圆柱形，多分枝，密被褐色无柄腺体。叶互生，狭披针形至线形，长 2~7cm，宽 2~8mm，先端锐尖，基部楔形，上面绿色，下面粉绿色，有褐色腺点；叶柄短，长约 0.5mm。总状花序顶生，花冠白色，长约 5mm，裂片匙形或倒披针形，先端圆钝，蒴果球形。花期 7~8 月，果期 8~9 月。

狼尾花 *Lysimachia barystachys*

报春花科 Primulaceae   珍珠菜属 *Lysimachia*

具横走的根茎，全株密被卷曲柔毛。茎直立，高 30~
100cm。叶互生或近对生，长圆状披针形、倒披针形至线形，
长 4~10cm，宽 6~22mm，先端钝或锐尖，基部楔形，近于
无柄。总状花序顶生，花密集，常转向一侧；花冠白色；花
序轴长 4~6cm，后渐伸长，果期长可达 30cm；花冠白色。
蒴果球形，直径 2.5~4mm。花期 5~8 月，果期 8~10 月。

平车前 *Plantago depressa*

车前科 Plantaginaceae　　车前属 *Plantago*

根茎短。叶基生呈莲座状，平卧、斜展或直立；叶片边缘具浅波状钝齿、不规则锯齿或牙齿，基部宽楔形至狭楔形。花序3~10个，花序梗长5~18cm，有纵条纹，疏生白色短柔毛；穗状花序细圆柱状；花冠白色，无毛。蒴果卵状椭圆形至圆锥状卵形，长4~5mm；种子4~5颗，椭圆形。花期5~7月，果期7~9月。

车前　*Plantago asiatica*

车前科 Plantaginaceae　　车前属 *Plantago*

须根多数。根茎短，稍粗。叶基生呈莲座状，平卧、斜展或直立；叶片薄纸质或纸质，宽卵形至宽椭圆形，长4~12cm，宽2.5~6.5cm；脉5~7条；叶柄长2~15（~27）cm，基部扩大成鞘，疏生短柔毛。花序3~10个，直立或弓曲上升；花序梗长5~30cm，有纵条纹，疏生白色短柔毛；穗状花序细圆柱状。蒴果纺锤状卵形、卵球形或圆锥状卵形，长3~4.5mm，于基部上方周裂；种子5~6颗。花期4~8月，果期6~9月。

大车前 *Plantago major*

车前科 Plantaginaceae   车前属 *Plantago*

须根多数。根茎粗短。叶基生呈莲座状，平卧、斜展或直立；叶片宽卵形至宽椭圆形，先端钝尖或急尖，边缘波状、疏生不规则牙齿或近全缘；叶柄基部鞘状，常被毛。穗状花序细圆柱状，基部常间断，花无梗，花冠白色。蒴果近球形、卵球形或宽椭圆球形；种子卵形、椭圆形或菱形，具角。花期6~8月，果期7~9月。

婆婆纳 *Veronica polita*

车前科 Plantaginaceae　　婆婆纳属 *Veronica*

铺散多分枝草本，多少被长柔毛，高 10~25cm。叶仅 2~4 对（腋间有花的为苞片），具 3~6mm 长的短柄，叶片心形至卵形，长 5~10mm，宽 6~7mm，每边有 2~4 个深刻的钝齿，两面被白色长柔毛。总状花序很长，苞片叶状，花冠淡紫色、蓝色、粉色或白色。蒴果近于肾形，密被腺毛；种子背面具横纹，长约 1.5mm。花期 3~10 月。

阿拉伯婆婆纳　*Veronica persica*

车前科 Plantaginaceae　　婆婆纳属 *Veronica*

高 10~50cm。茎密生两列多细胞柔毛。叶 2~4 对，具短柄，卵形或圆形，长 6~20mm，宽 5~18mm，基部浅心形，平截或浑圆，边缘具钝齿，两面疏生柔毛。总状花序很长，花冠蓝色、紫色或蓝紫色。蒴果肾形；种子背面具深的横纹，长约 1.6mm。花期 3~5 月。

薄荷 *Mentha canadensis*

唇形科 Lamiaceae　　薄荷属 *Mentha*

茎直立，高 30~60cm，下部数节具纤细的须根及水平匍匐根状茎，锐四棱形，具四槽，上部被倒向微柔毛，下部仅棱上被微柔毛，多分枝。叶片长圆状披针形、披针形、椭圆形或卵状披针形，稀长圆形，先端锐尖，基部楔形至近圆形，边缘在基部以上疏生粗大的牙齿状锯齿，侧脉 5~6 对。轮伞花序腋生，轮廓球形；花冠淡紫色。小坚果卵珠形，黄褐色，具小腺窝。花期 7~9 月，果期 10 月。

糙苏 *Phlomoides umbrosa*

唇形科 Lamiaceae　　糙苏属 *Phlomoides*

根粗厚，须根肉质，长至 30cm，粗至 1cm。茎高 50~150cm，多分枝，四棱形，具浅槽，疏被向下短硬毛。叶近圆形、圆卵形至卵状长圆形，长 5.2~12cm，宽 2.5~12cm，先端急尖，稀渐尖，基部浅心形或圆形，叶柄长 1~12cm，腹凹背凸，密被短硬毛。轮伞花序通常 4~8 花，多数；花冠通常粉红色，下唇常具红色斑点。小坚果无毛。花期 6~9 月，果期 9 月。

地笋 *Lycopus lucidus*

唇形科 Lamiaceae 地笋属 *Lycopus*

高 0.6~1.7m。根茎横走，具节，节上密生须根。茎直立，通常不分枝，四棱形，具槽，绿色，叶具极短柄或近无柄。轮伞花序无梗；花冠白色，长 5mm，外面在冠檐上具腺点，内面在喉部具白色短柔毛。小坚果倒卵圆状四边形，基部略狭。花期 6~9 月，果期 8~11 月。

欧地笋 *Lycopus europaeus*

唇形科 Lamiaceae　　地笋属 *Lycopus*

高 15~80cm。根茎横走，节上生须根，有先端逐渐肥大被鳞叶的地下长匍枝。茎直立，四棱形，具槽。叶长圆状椭圆形或披针状椭圆形，上面近无毛或疏生短柔毛，下面主叶脉上被短柔毛，余部具腺点，侧脉 6~10 对；叶柄短，长小于 5mm。轮伞花序无梗，花冠白色。小坚果背腹扁平，四边形，腹面中央略隆起而具腺点，基部有一小白痕。花期 6~8 月，果期 8~9 月。

黄芩 *Scutellaria baicalensis*
qín

唇形科 Lamiaceae　　黄芩属 *Scutellaria*

根茎肥厚，肉质，径达 2cm，伸长而分枝。茎基部伏地，上升，高（15~）30~120cm，基部径 2.5~3mm，钝四棱形。叶披针形至线状披针形，长 1.5~4.5cm，宽（0.3~）0.5~1.2cm，上面暗绿色，无毛或疏被贴生至开展的微柔毛，下面色较淡，无毛或沿中脉疏被微柔毛，密被下陷的腺点，侧脉 4 对；叶柄短，长 2mm，腹凹背凸，被微柔毛。花序在茎及枝上顶生，总状，长 7~15cm；花冠紫、紫红至蓝色。小坚果卵球形，黑褐色，具瘤。花期 7~8 月，果期 8~9 月。

藿香 *Agastache rugosa*

唇形科 Lamiaceae　　藿香属 *Agastache*

　　茎直立，高 0.5~1.5m，四棱形，粗达 7~8mm，上部被极短的细毛，下部无毛，在上部具能育的分枝。叶心状卵形至长圆状披针形，长 4.5~11cm，宽 3~6.5cm，向上渐小。轮伞花序多花，在主茎或侧枝上组成顶生密集的圆筒形穗状花序；轮伞花序具短梗，总梗长约 3mm，被腺微柔毛；花冠淡紫蓝色，长约 8mm，外被微柔毛。成熟小坚果卵状长圆形。花期 6~9 月，果期 9~11 月。

<ruby>荆<rt>jīng</rt></ruby> <ruby>芥<rt>jiè</rt></ruby> *Nepeta cataria*

唇形科 Lamiaceae   荆芥属 *Nepeta*

高 40~150cm，多分枝。茎基部木质化，近四棱形；上部钝四棱形，具浅槽，被白色短柔毛。叶卵状至三角状心脏形，长 2.5~7cm，宽 2.1~4.7cm；叶柄长 0.7~3cm，细弱。花序为聚伞状，花冠白色，下唇有紫点，外被白色柔毛，内面在喉部被短柔毛。小坚果卵形，几三棱状，灰褐色。花期 7~9 月，果期 9~10 月。

夏至草 *Lagopsis supina*

夏至草 Lamiaceae　　夏至草属 *Lagopsis*

披散于地面或上升，具圆锥形的主根。茎高 15~35cm，四棱形，具沟槽，带紫红色，密被微柔毛，常在基部分枝。叶轮廓为圆形，长、宽均 1.5~2cm，叶片两面均绿色，上面疏生微柔毛，下面叶脉上被长柔毛，基生叶上面微具沟槽。轮伞花序疏花；花萼管状钟形；花冠白色，稀粉红色。小坚果长卵形。花期 3~4 月，果期 5~6 月。

香薷 *Elsholtzia ciliata*

香薷^{rú}

唇形科 Lamiaceae 香薷属 *Elsholtzia*

直立草本，高 0.3~0.5m，具密集的须根。茎通常自中部以上分枝，钝四棱形，具槽，无毛或被疏柔毛，常呈麦秆黄色。叶卵形或椭圆状披针形，长 3~9cm，宽 1~4cm，上面绿色，疏被小硬毛，下面淡绿色；叶柄边缘具狭翅，疏被小硬毛。穗状花序长 2~7cm，宽达 1.3cm；花梗纤细，花萼钟形，花冠淡紫色。小坚果长圆形。花期 7~10 月，果期 10 月至翌年 1 月。

益母草　*Leonurus japonicus*

唇形科 Lamiaceae　　益母草属 *Leonurus*

　　茎直立，通常高30~120cm，钝四棱形，微具槽，有倒向糙伏毛，在节及棱上尤为密集，在基部有时近于无毛。叶上面绿色，有糙伏毛，叶脉稍下陷，下面淡绿色，被疏柔毛及腺点，叶脉突出；茎中部叶轮廓为菱形。轮伞花序腋生，花萼管状钟形，花冠粉红至淡紫红色。小坚果长圆状三棱形。花期通常在6~9月，果期9~10月。

通奶草 *Euphorbia hypericifolia*

大戟科 Euphorbiaceae　　大戟属 *Euphorbia*

　　根纤细，常不分枝。茎直立，自基部分枝或不分枝，高15~30cm，直径1~3mm，无毛或被少许短柔毛。叶对生，狭长圆形或倒卵形，上面深绿色，下面淡绿色，两面被稀疏的柔毛；叶柄极短，长1~2mm；托叶三角形，分离或合生。苞叶2枚，花序数个簇生于叶腋或枝顶，每个花序基部具纤细的柄。蒴果三棱状；种子卵棱状，每个棱面具数个皱纹。花果期8~12月。

地锦草 *Euphorbia humifusa*

大戟科 Euphorbiaceae **大戟属 *Euphorbia***

根纤细，长 10~18cm，直径 2~3mm，常不分枝。茎匍匐，自基部以上多分枝，被柔毛或疏柔毛。叶对生，矩圆形或椭圆形，长 5~10mm，宽 3~6mm，边缘常于中部以上具细锯齿；叶面绿色，叶背淡绿色，叶柄极短。花序单生于叶腋，总苞陀螺状。蒴果三棱状卵球形；种子三棱状卵球形，灰色，每个棱面无横沟。花果期 5~10 月。

乳浆大戟 *Euphorbia esula*

大戟科 Euphorbiaceae　　大戟属 *Euphorbia*

根圆柱状，长 20cm 以上，直径 3~5（~6）mm，不分枝或分枝，常曲折。茎单生或丛生，单生时自基部多分枝，高 30~60cm，直径 3~5mm。叶线形至卵形，长 2~7cm，宽 4~7mm，先端尖或钝尖，基部楔形至平截，无叶柄；总苞叶 3~5 枚，花序单生于二歧分枝的顶端，基部无柄，总苞钟状。蒴果三棱状球形；种子卵球状。花果期 4~10 月。

斑地锦草　*Euphorbia maculata*

大戟科 Euphorbiaceae　　大戟属 *Euphorbia*

　　根纤细，长 4~7cm，直径约 2mm。茎匍匐，长 10~17cm，直径约 1mm，被白色疏柔毛。叶对生，长椭圆形至肾状长圆形，长 6~12mm，宽 2~4mm，叶面绿色，中部常具有一个长圆形的紫色斑点，叶背淡绿色或灰绿色；叶柄极短；托叶钻状，不分裂，边缘具睫毛。花序单生于叶腋，基部具短柄，柄长 1~2mm；总苞狭杯状。蒴果三角状卵形；种子卵状四棱形。花果期 4~9 月。

地枸叶 *Speranskia tuberculata*

大戟科 Euphorbiaceae   地枸叶属 *Speranskia*

茎直立，高 25~50cm，分枝较多，被伏贴短柔毛。叶披针形或卵状披针形，长 1.8~5.5cm，宽 0.5~2.5cm，上面疏被短柔毛，下面被柔毛或仅叶脉被毛；叶柄长不及 5mm或近无柄；托叶卵状披针形，长约 1.5mm。总状花序长6~15cm。蒴果扁球形，被柔毛和具瘤状突起；种子卵形。花果期 5~9 月。

铁苋菜 *Acalypha australis*
_{xiàn}

大戟科 Euphorbiaceae　　铁苋菜属 *Acalypha*

高 0.2~0.5m，小枝细长，被贴毛柔毛，毛逐渐稀疏。叶
长卵形、近菱状卵形或阔披针形，长 3~9cm，宽
1~5cm，基部楔形，边缘具圆锯齿，上面无毛，
下面沿中脉具柔毛；基出脉 3 条，侧脉 3
对。雌雄花同序，花序腋生，花序梗长
0.5~3cm，花序轴具短毛，花梗无。
蒴果果皮具疏生毛和毛基变厚的小瘤
体；种子近卵状。花果期 4~12 月。

大麻 *Cannabis sativa*

大麻科 Cannabaceae　　大麻属 *Cannabis*

高 1~3m，枝具纵沟槽，密生灰白色贴伏毛。叶掌状全裂，裂片披针形或线状披针形，长 7~15cm，中裂片最长，宽 0.5~2cm，先端渐尖，基部狭楔形，表面深绿，微被糙毛，背面幼时密被灰白色贴状毛，后变无毛，边缘具向内弯的粗锯齿，中脉及侧脉在表面微下陷，背面隆起；叶柄长 3~15cm，密被灰白色贴伏毛；托叶线形。花黄绿色。瘦果为宿存黄褐色苞片所包。花期 5~6 月，果期 7 月。

白花草木樨^{xī} *Melilotus albus*

豆科 Fabaceae   草木樨属 *Melilotus*

高 70~200cm。茎直立，圆柱形，中空，多分枝，几无毛。羽状三出复叶。总状花序长 9~20cm，腋生，具花 40~100 朵，排列疏松；花冠白色。荚果椭圆形至长圆形，棕褐色，老熟后变黑褐色；种子卵形，棕色，表面具细瘤点。花期 5~7 月，果期 7~9 月。

草木樨 *Melilotus officinalis*

豆科 Fabaceae　草木樨属 *Melilotus*

高 40~100（~250）cm。茎直立，粗壮，多分枝，具纵棱，微被柔毛。羽状三出复叶。总状花序长 6~20cm，腋生，具花 30~70 朵，初时稠密，花开后渐疏松，花序轴在花期显著伸展；花梗与苞片等长或稍长。荚果卵形；种子卵形，长 2.5mm，黄褐色，平滑。花期 5~9 月，果期 6~10 月。

野大豆 *Glycine soja*

豆科 Fabaceae　　大豆属 *Glycine*

缠绕草本，长 1~4m。茎、小枝纤细，全体疏被褐色长硬毛。叶具 3 小叶，托叶卵状披针形，急尖，被黄色柔毛。总状花序通常短，花梗密生黄色长硬毛；花冠淡红紫色或白色。荚果长圆形，稍弯；种子 2~3 颗，椭圆形。花期 7~8 月，果期 8~10 月。

斜茎黄芪 *Astragalus laxmannii*

斜茎黄芪 上方标注 qí

豆科 Fabaceae　　黄芪属 *Astragalus*

高 15~20cm。根粗壮。茎直立或外倾，有条棱，近无毛或被稀疏伏贴毛。羽状复叶有 19~29 片小叶，长 3~15cm，叶柄较叶轴短；小叶长圆状椭圆形，长 5~25mm，宽 2~7mm。总状花序生多数花，排列紧密，总花梗腋生，较叶长；花近无花梗；花冠淡蓝紫色或乳白色。荚果长圆形，长 6~7mm，宽约 2.5mm，腹缝线龙骨状凸起，背缝线呈沟槽状，被黑白色混生毛。花期 7~8 月，果期 8~9 月。

达乌里黄芪 *Astragalus dahuricus*

豆科 Fabaceae　　黄芪属 *Astragalus*

茎直立，高达 80cm，分枝，有细棱。羽状复叶有 11~19（~23）片小叶，长 4~8cm；叶柄长不及 1cm；托叶分离，狭披针形或钻形，长 4~8mm。总状花序较密，生 10~20 花，长 3.5~10cm；总花梗长 2~5cm；花梗长 1~1.5mm；花冠紫色，旗瓣近倒卵形。荚果线形，长 1.5~2.5cm，宽 2~2.5mm，果颈短；种子淡褐色或褐色，肾形。花期 7~9 月，果期 8~10 月。

草木樨状黄芪 *Astragalus melilotoides*

豆科 Fabaceae 　 黄芪属 *Astragalus*

主根粗壮。茎直立或斜生，高 30~50cm，多分枝，具条棱，被白色短柔毛或近无毛。羽状复叶有 5~7 片小叶，长 1~3cm；叶柄与叶轴近等长；总状花序生多数花，花冠白色或带粉红色，旗瓣近圆形或宽椭圆形，长约 5mm，先端微凹，基部具短瓣柄，翼瓣较旗瓣稍短。荚果宽倒卵状球形或椭圆形，先端微凹，具短喙，长 2.5~3.5mm，假 2 室，背部具稍深的沟，有横纹；种子 4~5 颗，肾形，暗褐色。花期 7~8 月，果期 8~9 月。

二色棘豆　*Oxytropis bicolor*

豆科 Fabaceae　　棘豆属 *Oxytropis*

高 5~20cm，外倾，植株各部密被开展白色绢状长柔毛。主根发达，直伸，暗褐色。茎缩短，簇生。轮生羽状复叶长 4~20cm；托叶膜质，卵状披针形，与叶柄贴生很高；叶轴有时微具腺体。花冠紫红色、蓝紫色，旗瓣菱状卵形，长 14~20mm，宽 7~9mm。荚果卵状长圆形，腹、背缝均有沟槽，密被长柔毛；种子宽肾形，长约 2mm，暗褐色。花果期 4~9 月。

苦马豆 *Sphaerophysa salsula*

豆科 Fabaceae　　苦马豆属 *Sphaerophysa*

茎直立或下部匍匐，高 0.3~0.6m，稀达 1.3m。枝开展，具纵棱脊；托叶线状披针形，三角形至钻形，自茎下部至上部渐变小。叶轴长 5~8.5cm，上面具沟槽；小叶 11~21 片。总状花序常较叶长，长 6.5~13（~17）cm，生 6~16 花；花萼钟状。荚果椭圆形至卵圆形；种子肾形至近半圆形。花期 5~8 月，果期 6~9 月。

米口袋 *Gueldenstaedtia verna*

豆科 Fabaceae　　米口袋属 *Gueldenstaedtia*

主根圆锥状。分茎极缩短，叶及总花梗于分茎上丛生。托叶宿存，下面的阔三角形，上面的狭三角形，基部合生；小叶7~21片，长圆形或披针形，基部圆，先端具细尖。伞形花序有2~6朵花；总花梗具沟，被长柔毛，花期较叶稍长，花后约与叶等长或短于叶长。荚果圆筒状；种子三角状肾形，具凹点。花期4月，果期5~6月。

狭叶米口袋 *Gueldenstaedtia stenophylla*

豆科 Fabaceae　米口袋属 *Gueldenstaedtia*

主根细长，分茎较缩短，具宿存托叶。叶长 1.5~15cm，被疏柔毛；托叶宽三角形至三角形，被稀疏长柔毛，基部合生；伞形花序具 2~3 朵花；总花梗纤细，被白色疏柔毛，在花期较叶为长；花梗极短或近无梗；苞片及小苞片披针形，密被长柔毛；种子肾形，直径 1.5mm，具凹点。花期 4 月，果期 5~6 月。

mù xu
苜蓿 *Medicago sativa*

豆科 Fabaceae　苜蓿属 *Medicago*

高 30~100cm。根粗壮，深入土层，根颈发达。茎直立、丛生以至平卧，四棱形，无毛或微被柔毛，枝叶茂盛。羽状三出复叶。花序总状或头状，长 1~2.5cm，具花 5~30 朵；总花梗挺直。荚果螺旋状，有种子 10~20 粒；种子卵形，长 1~2.5mm，平滑，黄色或棕色。花期 5~7 月，果期 6~8 月。

天蓝苜蓿 *Medicago lupulina*

豆科 Fabaceae　　苜蓿属 *Medicago*

高 15~60cm，全株被柔毛或有腺毛。主根浅，须根发达。茎平卧或上升，多分枝，叶茂盛。羽状三出复叶。花序小头状，具花 10~20 朵；总花梗细，挺直，比叶长，密被贴伏柔毛。荚果肾形，有种子 1 粒；种子卵形，褐色，平滑。花期 7~9 月，果期 8~10 月。

野苜蓿　*Medicago falcata*

豆科 Fabaceae　　苜蓿属 *Medicago*

高（20~）40~100（~120）cm。主根粗壮，木质，须根发达。茎平卧或上升，圆柱形，多分枝。羽状三出复叶，托叶披针形至线状披针形，先端长渐尖，基部戟形，全缘或稍具锯齿，脉纹明显。花序短总状，长1~2（~4）cm，具花6~20（~25）朵，稠密，花期几不伸长；总花梗腋生，挺直，与叶等长或稍长。荚果镰形或线形，有种子2~4粒；种子卵状椭圆形，长2mm，宽1.5mm，黄褐色。花期6~8月，果期7~9月。

歪头菜　*Vicia unijuga*

豆科 Fabaceae　野豌豆属 *Vicia*

高（15~）40~100（~180）cm。根茎粗壮，近木质，主根长达 8~9cm，直径 2.5cm，须根发达，表皮黑褐色。通常数茎丛生，具棱，疏被柔毛，老时渐脱落，茎基部表皮红褐色或紫褐红色。总状花序单一，稀有分枝，呈圆锥状复总状花序，明显长于叶，花冠蓝紫色、紫红色或淡蓝色。荚果扁，长圆形，无毛；种子扁圆球形。花期 6~7 月，果期 8~9 月。

广布野豌豆 *Vicia cracca*

豆科 Fabaceae   野豌豆属 *Vicia*

高 40~150cm。根细长，多分枝。茎攀缘或蔓生，有棱，被柔毛。偶数羽状复叶，叶轴顶端卷须有 2~3 分枝；小叶 5~12 对互生，线形、长圆形或披针状线形，长 1.1~3cm，宽 0.2~0.4cm；叶脉稀疏，呈三出脉状。总状花序与叶轴近等长，花冠紫色、蓝紫色或紫红色。荚果长圆形或长圆菱形；种子扁圆球形。花果期 5~9 月。

白茅 *Imperata cylindrica*

禾本科 Poaceae　　白茅属 *Imperata*

具粗壮的长根状茎。秆直立，高 30~80cm，具 1~3 节，节无毛。秆生叶片长 1~3cm，窄线形，通常内卷，顶端渐尖呈刺状，下部渐窄，被有白粉，基部上面具柔毛。圆锥花序稠密，长 20cm，宽达 3cm，小穗长 4.5~5（~6）mm，基盘具长 12~16mm 的丝状柔毛。颖果椭圆形，长约 1mm，胚长为颖果之半。花果期 4~6 月。

臭草　*Melica scabrosa*

禾本科 Poaceae　　臭草属 *Melica*

　　须根细弱，较稠密。秆丛生，直立或基部膝曲，高20~90cm，径1~3mm，基部密生分蘖。叶鞘闭合近鞘口，常撕裂，光滑或微粗糙；叶片干时常卷折，两面粗糙或上面疏被柔毛。圆锥花序狭窄，长8~22cm，宽1~2cm；小穗柄短，纤细，上部弯曲，被微毛。颖果褐色，纺锤形。花果期5~8月。

大臭草 *Melica turczaninowiana*

禾本科 Poaceae　　臭草属 *Melica*

须根细弱。秆丛生，直立，高 40~130cm，具 5~7 节，光滑或在花序以下粗糙。叶鞘闭合几达鞘口，无毛，向上常粗糙；叶片扁平，长 8~18cm，宽 3~6mm，上面被柔毛，下面粗糙。圆锥花序开展；小穗柄细，顶端稍膨大，被微毛，弯曲；小穗紫色或褐紫色，卵状长圆形，长 8~13mm；小穗轴节间光滑，颖纸质，卵状长圆形，两颖几等长；外稃草质，边缘膜质，内稃倒卵状长圆形，脊上无毛或上部具小纤毛。花果期 6~8 月。

大油芒 *Spodiopogon sibiricus*

禾本科 Poaceae   大油芒属 *Spodiopogon*

具质地坚硬、密被鳞状苞片之长根状茎。秆直立，通常单一，高 70~150cm，具 5~9 节。叶鞘大多长于其节间，无毛或上部生柔毛，鞘口具长柔毛；叶片线状披针形，长 15~30cm，宽 8~15mm，两面贴生柔毛或基部被疣基柔毛。圆锥花序主轴无毛，总状花序长 1~2cm，具有 2~4 节，节具髯毛，小穗长 5~5.5mm，宽披针形。颖果长圆状披针形。花果期 7~10 月。

^{fú}拂子茅 *Calamagrostis epigeios*

禾本科 Poaceae　　拂子茅属 *Calamagrostis*

具根状茎。秆直立，平滑无毛或花序下稍粗糙，高45~100cm，径2~3mm。叶鞘平滑或稍粗糙，短于或基部者长于节间；叶片长15~27cm，宽4~8（~13）mm，扁平或边缘内卷，上面及边缘粗糙，下面较平滑。圆锥花序紧密，圆筒形，劲直、具间断；小穗长5~7mm，淡绿色或带淡紫色。花果期5~9月。

假苇拂子茅 *Calamagrostis pseudophragmites*

禾本科 Poaceae　　拂子茅属 *Calamagrostis*

秆直立，高 40~100cm，径 1.5~4mm。叶鞘平滑无毛或稍粗糙，短于节间，有时在下部者长于节间；叶舌膜质，长 4~9mm，长圆形，顶端钝而易破碎；叶片长 10~30cm，宽 1.5~5（~7）mm，扁平或内卷，上面及边缘粗糙，下面平滑。圆锥花序长圆状披针形，分枝簇生，直立，细弱，稍糙涩；小穗长 5~7mm，草黄色或紫色。花果期 7~9 月。

狗尾草 *Setaria viridis*

禾本科 Poaceae　　狗尾草属 *Setaria*

　　根为须状，高大植株具支持根。秆直立或基部膝曲，高 10~100cm，基部径 3~7mm。叶片长三角状狭披针形或线状披针形，通常无毛或疏被疣毛，边缘粗糙。圆锥花序紧密，呈圆柱状或基部稍疏离，直立或稍弯垂，主轴被较长柔毛，小穗 2~5 个簇生于主轴上或更多的小穗着生在小枝上，椭圆形，先端钝，长 2~2.5mm，铅绿色。颖果灰白色。花果期 5~10 月。

狗牙根　*Cynodon dactylon*

禾本科 Poaceae　　狗牙根属 *Cynodon*

　　具根茎。秆细而坚韧，下部匍匐地面蔓延甚长，节上常生不定根，直立部分高 10~30cm，直径 1~1.5mm，秆壁厚，光滑无毛，有时略两侧压扁。叶鞘微具脊，无毛或有疏柔毛，鞘口常具柔毛；叶片线形，长 1~12cm，宽 1~3mm，通常两面无毛。穗状花序，小穗灰绿色或带紫色，长 2~2.5mm，仅含 1 小花。颖果长圆柱形。花果期 5~10 月。

虎尾草　*Chloris virgata*

禾本科 Poaceae　　虎尾草属 *Chloris*

秆直立或基部膝曲，高 12~75cm，径 1~4mm，光滑无毛。叶鞘背部具脊，包卷松弛，无毛；叶舌长约 1mm，无毛或具纤毛；叶片线形，长 3~25cm，宽 3~6mm，两面无毛或边缘及上面粗糙。穗状花序 5 至 10 余枚，长 1.5~5cm，指状着生于秆顶，常直立而并拢成毛刷状；小穗无柄，长约 3mm。颖果纺锤形，淡黄色，光滑无毛而半透明。花果期 6~10 月。

大画眉草 *Eragrostis cilianensis*

禾本科 Poaceae　　画眉草属 *Eragrostis*

秆粗壮，高 30~90cm，径 3~5mm，直立丛生，基部常膝曲，具 3~5 个节，节下有一圈明显的腺体。叶片线形扁平，伸展，长 6~20cm，宽 2~6mm，无毛，叶脉上与叶缘均有腺体。圆锥花序长圆形或尖塔形，长 5~20cm，分枝粗壮，单生，上举，腋间具柔毛，小枝和小穗柄上均有腺体；小穗长圆形或卵状长圆形，墨绿色带淡绿色或黄褐色，扁状弯曲。颖果近圆形，径约 0.7mm。花果期 7~10 月。

小画眉草 *Eragrostis minor*

禾本科 Poaceae　　画眉草属 *Eragrostis*

秆纤细，丛生，膝曲上升，高 15~50mm，径 1~2mm，具 3~4 节，节下有一圈腺体。叶片线形，平展或卷缩，长 3~15cm，宽 2~4mm，下面光滑，上面粗糙并疏生柔毛。圆锥花序开展而疏松，长 6~15cm，宽 4~6cm；小穗长圆形，长 3~8mm，宽 1.5~2mm，含 3~16 小花，绿色或深绿色；小穗柄长 3~6mm。颖果红褐色，近球形。花果期 6~9 月。

画眉草 *Eragrostis pilosa*

禾本科 Poaceae　　画眉草属 *Eragrostis*

秆丛生，直立或基部膝曲，高 15~60cm，径 1.5~2.5mm，通常具 4 节，光滑。叶鞘松裹茎，长于或短于节间，扁状，鞘缘近膜质，鞘口有长柔毛；叶舌为一圈纤毛，长约 0.5mm；叶片线形扁平或卷缩，长 6~20cm，宽 2~3mm，无毛。圆锥花序开展或紧缩，长 10~25cm，宽 2~10cm；小穗具柄。颖果长圆形。花果期 8~11 月。

黄背草 *Themeda triandra*

禾本科 Poaceae　菅属 *Themeda*

秆高约60cm，分枝少。叶鞘扁状，具脊，具瘤基柔毛；叶片线形，长10~30cm，宽3~5mm，基部具瘤基毛。伪圆锥花序狭窄，长20~30cm，由具线形佛焰苞的总状花序组成，佛焰苞长约3cm；总状花序长约1.5cm，由7小穗组成，基部2对总苞状小穗着生在同一平面。花果期6~9月。

荩草 *Arthraxon hispidus*

jìn

禾本科 Poaceae   荩草属 *Arthraxon*

秆细弱，无毛，基部倾斜，高 30~60cm，具多节，常分枝。叶鞘短于节间，生短硬疣毛；叶片卵状披针形，长 2~4cm，宽 0.8~1.5cm，基部心形，抱茎。总状花序细弱，长 1.5~4cm，2~10 枚呈指状排列或簇生于秆顶；总状花序轴节间无毛，长为小穗的 2/3~3/4；无柄小穗卵状披针形，呈两侧压扁。颖果长圆形，与稃体等长。花果期 9~11 月。

看麦娘 *Alopecurus aequalis*

禾本科 Poaceae　　　看麦娘属 *Alopecurus*

秆少数丛生，细瘦，光滑，节处常膝曲，高15~40cm。叶鞘光滑，短于节间；叶片扁平，长3~10cm，宽2~6mm。圆锥花序圆柱状，灰绿色，长2~7cm，宽3~6mm；小穗椭圆形或卵状长圆形，长2~3mm；颖膜质，基部互相连合，具3脉，脊上有细纤毛，侧脉下部有短毛。颖果长约1mm。花果期4~8月。

羊草 *Leymus chinensis*

禾本科 Poaceae　　赖草属 *Leymus*

具下伸或横走根茎；须根具沙套。秆散生，直立，高 40~90cm，具 4~5 节。叶鞘光滑，基部残留叶鞘呈纤维状，枯黄色；叶片长 7~18cm，宽 3~6mm，扁平或内卷，上面及边缘粗糙，下面较平滑。穗状花序直立，长 7~15cm，宽 10~15mm；小穗长 10~22mm，含 5~10 小花；小穗轴节间光滑，长 1~1.5mm；花药长 3~4mm。花果期 6~8 月。

狼尾草 *Pennisetum alopecuroides*

禾本科 Poaceae　　狼尾草属 *Pennisetum*

须根较粗壮。秆直立，丛生，高 30~120cm。叶片线形，长 10~80cm，宽 3~8mm。圆锥花序直立，长 5~25cm，宽 1.5~3.5cm；主轴密生柔毛；小穗通常单生，偶有双生，线状披针形，长 5~8mm。颖果长圆形，长约 3.5mm。花果期夏秋季。

龙常草 *Diarrhena mandshurica*

禾本科 Poaceae　　龙常草属 *Diarrhena*

具短根状茎，芽体被鳞状苞片，须根纤细。秆直立，高
60~120cm，具5~6节，节下被微毛，节间粗糙。叶片线状
披针形，长15~30cm，宽5~20mm，上面密生短毛，下面粗
糙。圆锥花序有角棱。颖果黑褐色，顶端圆锥形之喙呈黄色。
花果期7~9月。

马唐 *Digitaria sanguinalis*

禾本科 Poaceae　　马唐属 *Digitaria*

秆直立或下部倾斜，膝曲上升，高 10~80cm，直径 2~3mm，无毛或节生柔毛。叶鞘短于节间，无毛或散生疣基柔毛；叶舌长 1~3mm；叶片线状披针形，长 5~15cm，宽 4~12mm。总状花序长 5~18cm，4~12 枚呈指状着生于长 1~2cm 的主轴上；小穗椭圆状披针形，长 3~3.5mm。花果期 6~9 月。

毛马唐 *Digitaria ciliaris* var. *chrysoblephara*

禾本科 Poaceae   马唐属 *Digitaria*

秆基部倾卧，着土后节易生根；具分枝，高 30~100cm。叶鞘多短于其节间，常具柔毛；叶舌膜质，长 1~2mm；叶片线状披针形，长 5~20cm，宽 3~10mm，两面多少生柔毛。总状花序 4~10 枚，长 5~12cm，呈指状排列于秆顶；小穗披针形，长 3~3.5mm，孪生于穗轴一侧；小穗柄三棱形，粗糙。花果期 6~10 月。

牛鞭草 *Hemarthria sibirica*

禾本科 Poaceae　　　牛鞭草属 *Hemarthria*

有长而横走的根茎。秆直立部分可高达 1m，直径约 3mm，一侧有槽。叶鞘边缘膜质，鞘口具纤毛；叶舌膜质，白色，长约 0.5mm，上缘撕裂状；叶片线形，长 15~20cm，宽 4~6mm，两面无毛。总状花序单生或簇生，长 6~10cm，直径约 2mm；无柄小穗卵状披针形，长 5~8mm。花果期夏秋季。

三芒草 *Aristida adscensionis*

禾本科 Poaceae　　三芒草属 *Aristida*

须根坚韧，有时具沙套。秆具分枝，丛生，光滑，直立或基部膝曲，高 15~45cm。叶鞘短于节间，光滑无毛，疏松包茎；叶片纵卷，长 3~20cm。圆锥花序狭窄或疏松，长 4~20cm；分枝细弱，单生，多贴生或斜向上升；小穗灰绿色或紫色，穗上有 3 个带羽状毛的芒。花果期 6~10 月。

牛筋草 *Eleusine indica*

禾本科 Poaceae　　穆属 *Eleusine*

根系极发达。秆丛生，基部倾斜，高 10~90cm。叶鞘两侧压扁而具脊，松弛，无毛或疏生疣毛。穗状花序 2~7 个指状着生于秆顶，长 3~10cm，宽 3~5mm；小穗长 4~7mm，宽 2~3mm，含 3~6 小花。囊果卵形，长约 1.5mm，基部下凹，具明显的波状皱纹；鳞被 2，折叠，具 5 脉。花果期 6~10 月。

䅟草 *Beckmannia syzigachne*
^{wǎng}

禾本科 Poaceae   䅟草属 *Beckmannia*

秆直立，高 15~90cm，具 2~4 节。叶鞘无毛，多长于节间；叶舌透明膜质，长 3~8mm；叶片扁平，长 5~20cm，宽 3~10mm，粗糙或下面平滑。圆锥花序长 10~30cm，分枝稀疏，直立或斜升；小穗扁平，圆形，灰绿色，常含 1 小花，长约 3mm。颖果黄褐色，长圆形，长约 1.5mm，先端具丛生短毛。花果期 4~10 月。

野黍 ^{shǔ} *Eriochloa villosa*

禾本科 Poaceae　野黍属 *Eriochloa*

秆直立，基部分枝，稍倾斜，高 30~100cm。叶鞘无毛或被毛或鞘缘一侧被毛，松弛包茎，节具髭毛；叶片扁平，长 5~25cm，宽 5~15mm，表面具微毛，背面光滑，边缘粗糙。圆锥花序狭长，长 7~15cm，由 4~8 枚总状花序组成；总状花序长 1.5~4cm，密生柔毛，常排列于主轴之一侧，小穗柄极短，密生长柔毛。颖果卵圆形。花果期 7~10 月。

北京隐子草 *Cleistogenes hancei*

禾本科 Poaceae　　隐子草属 *Cleistogenes*

　　具短的根状茎。秆直立，疏丛，较粗壮，高 50~70cm，基部具向外斜伸的鳞芽，鳞片坚硬。叶鞘短于节间，无毛或疏生疣毛；叶舌短，先端裂成细毛；叶片线形，长 3~12cm，宽 3~8mm，扁平或稍内卷，两面均粗糙。圆锥花序开展，长 6~9cm，具多数分枝，基部分枝长 3~5cm，斜上；小穗灰绿色或带紫色，排列较密。花果期 7~11 月。

丛生隐子草 *Cleistogenes caespitosa*

禾本科 Poaceae　　隐子草属 *Cleistogenes*

秆纤细，丛生，高 20~45cm，径 1mm，黄绿色或紫褐色，基部常具短小鳞芽。分枝常斜上，长 1~3cm。叶鞘长于或短于节间，无毛，鞘口具长柔毛；叶舌具短纤毛；叶片线形，长 3~6cm，宽 2~4mm，扁平或内卷。小穗长 5~11mm，含（1~）3~5 小花；颖卵状披针形，先端钝，近膜质，具 1 脉。花果期 7~10 月。

早熟禾 *Poa annua*

禾本科 Poaceae　　早熟禾属 *Poa*

秆直立或倾斜，质软，高 6~30cm，全体平滑无毛。叶鞘稍压扁，中部以下闭合；叶舌长 1~3（~5）mm，圆头；叶片扁平或对折，长 2~12cm，宽 1~4mm，质地柔软，常有横脉纹，顶端急尖呈船形，边缘微粗糙。圆锥花序宽卵形，长 3~7cm，开展；分枝 1~3 枚着生各节，平滑；小穗卵形，含 3~5 小花。颖果纺锤形。花期 4~5 月，果期 6~7 月。

硬质早熟禾 *Poa sphondylodes*

禾本科 Poaceae　早熟禾属 *Poa*

秆高 30~60cm，具 3~4 节，顶节位于中部以下，上部常裸露，紧接花序以下和节下均多少糙涩。叶鞘基部带淡紫色，顶生者长 4~8cm，长于其叶片；叶舌长约 4mm，先端尖；叶片长 3~7cm，宽 1mm。圆锥花序紧缩而稠密，小穗柄短于小穗，小穗绿色，熟后草黄色。颖果腹面有凹槽。花果期6~8 月。

长芒草　*Stipa bungeana*

禾本科 Poaceae　　针茅属 *Stipa*

秆丛生，基部膝曲，高 20~60cm，有 2~5 节。叶鞘光滑无毛或边缘具纤毛，基生者有隐藏小穗；基生叶舌钝圆形，长约 1mm，先端具短柔毛，秆生者披针形，长 3~5mm，两侧下延与叶鞘边缘结合，先端常两裂；叶片纵卷似针状，茎生者长 3~15cm，基生者长可达 17cm。圆锥花序为顶生叶鞘所包，内稃与外稃等长，具 2 脉。颖果长圆柱形，被无芒且无毛之稃体紧密包裹。花果期 6~8 月。

盒子草 *Actinostemma tenerum*

葫芦科 Cucurbitaceae　　盒子草属 *Actinostemma*

枝纤细，疏被长柔毛，后变无毛。叶柄细，长 2~6cm，被短柔毛；叶形变异大，心状戟形、心状狭卵形或披针状三角形。花冠裂片披针形，先端尾状钻形，具 1 脉或稀 3 脉，疏生短柔毛，长 3~7mm，宽 1~1.5mm。果实疏生暗绿色鳞片状凸起，具种子 2~4 枚；种子表面有不规则雕纹。花期 7~9 月，果期 9~11 月。

花葱 rén *Polemonium caeruleum*

花葱科 Polemoniaceae　　花葱属 *Polemonium*

　　根匍匐，圆柱状，茎直立，高可达 1m。羽状复叶互生，小叶互生，叶片长卵形至披针形，顶端锐尖或渐尖，基部近圆形，全缘，无小叶柄。聚伞圆锥花序顶生或于上部叶腋生，花梗连同总梗密生短腺毛或疏生长腺毛；花冠紫蓝色，钟状。蒴果卵形；种子褐色，纺锤形，种皮具有膨胀性的黏液细胞。花期 6~7 月，果期 7~8 月。

蒺藜 *Tribulus terrestris*

<small>jí lí</small>

蒺藜科 Zygophyllaceae 蒺藜属 *Tribulus*

茎平卧，枝长 20~60cm；偶数羽状复叶，长 1.5~5cm；小叶对生，3~8 对，矩圆形或斜短圆形，长 5~10mm，宽 2~5mm，先端锐尖或钝，基部稍偏科，被柔毛，全缘。花腋生，花梗短于叶，花黄色。果硬，长 4~6mm，无毛或被毛，中部边缘有锐刺 2 枚，下部常有小锐刺 2 枚，其余部位常有小瘤体。花期 5~8 月，果期 6~9 月。

地梢瓜 *Cynanchum thesioides*

夹竹桃科 Apocynaceae　　鹅绒藤属 *Cynanchum*

直立半灌木；地下茎单轴横生；茎自基部多分枝。叶对生或近对生，线形，长3~5cm，宽2~5mm，叶背中脉隆起。伞形聚伞花序腋生；花萼外面被柔毛；花冠绿白色；副花冠杯状，裂片三角状披针形，渐尖，高过药隔的膜片。蓇葖纺锤形，先端渐尖，中部膨大，长5~6cm，直径2cm；种子扁平，暗褐色，长8mm；种毛白色绢质，长2cm。花期5~8月，果期8~10月。

白首乌 *Cynanchum bungei*

夹竹桃科 Apocynaceae　　鹅绒藤属 *Cynanchum*

攀缘性半灌木。块根粗壮。茎纤细而韧，被微毛。叶对生，戟形，长 3~8cm，基部宽 1~5cm，顶端渐尖，基部心形，两面被粗硬毛，以叶面较密，侧脉约 6 对。伞形聚伞花序腋生；花冠白色，裂片长圆形。种子卵形，长 1cm，直径5mm；种毛白色绢质，长 4cm。花期 6~7 月，果期 7~10 月。

鸡腿堇菜 ^{jǐn} *Viola acuminata*

堇菜科 Violaceae　　堇菜属 *Viola*

根状茎较粗，垂直或倾斜，密生多条淡褐色根。茎直立，通常 2~4 条丛生，高 10~40cm，无毛或上部被白色柔毛。叶片心形、卵状心形或卵形，长 1.5~5.5cm，宽 1.5~4.5cm，基部通常心形，边缘具钝锯齿及短缘毛，两面密生褐色腺点，沿叶脉被疏柔毛，通常无基生叶。花淡紫色或近白色，具长梗，花瓣有褐色腺点。蒴果椭圆形，通常有黄褐色腺点，先端渐尖。花果期 5~9 月。

紫花地丁 *Viola philippica*

董菜科 Violaceae　　董菜属 *Viola*

无地上茎，高 4~14cm，果期高可达 20 余厘米。根状茎短，垂直，淡褐色，长 4~13mm，粗 2~7mm，节密生，有数条淡褐色或近白色的细根。叶多数，基生，莲座状。花中等大，紫董色或淡紫色，花瓣倒卵形或长圆状倒卵形，侧方花瓣长。蒴果长圆形，长 5~12mm，无毛；种子卵球形，长 1.8mm，淡黄色。花果期 4 月中下旬至 9 月。

北京堇菜　*Viola pekinensis*

堇菜科 Violaceae　　　堇菜属 *Viola*

无地上茎，高达6~8cm。根状茎稍粗壮，短缩，长0.5~1cm，粗约0.5cm，绿色，无毛。叶基生，莲座状；叶片圆形或卵状心形，长2~3cm，宽与长几相等。花淡紫色，有时近白色；花梗细弱，通常稍高于叶丛，近中部有2枚线形小苞片；花瓣宽倒卵形，里面近基部有明显须毛。蒴果无毛。花期4~5月，果期5~7月。

早开堇菜 *Viola prionanth*

堇菜科 Violaceae　　堇菜属 *Viola*

无地上茎，花期高 3~10cm，果期高可达 20cm。根状茎垂直，短而较粗壮，长 4~20mm，粗可达 9mm。根数条，带灰白色，粗而长，通常皆由根状茎的下端发出，向下直伸，或有时近横生。叶多数，均基生；花大，紫堇色或淡紫色，喉部色淡并有紫色条纹，直径 1.2~1.6cm，无香味。蒴果长椭圆形，长 5~12mm，无毛；种子多数，卵球形，长约 2mm，深褐色，常有棕色斑点。花果期 4 月上中旬至 9 月。

苘麻 *Abutilon theophrasti*
qǐng

锦葵科 Malvaceae　　苘麻属 *Abutilon*

高达 1~2m，茎枝被柔毛。叶互生，圆心形，长 5~10cm，先端长渐尖，基部心形，边缘具细圆锯齿，两面均密被星状柔毛；叶柄长 3~12cm，被星状细柔毛；托叶早落。花单生于叶腋，花梗长 1~13cm，被柔毛，近顶端具节；花黄色，花瓣倒卵形，长约 1cm。蒴果半球形；种子肾形，褐色，被星状柔毛。花期 7~8 月，果期 8~10 月。

钝叶瓦松 *Hylotelephium malacophyllum*

景天科 Crassulaceae　　八宝属 *Hylotelephium*

　　第一年植株有莲座丛；莲座叶先端不具刺，先端钝或短渐尖，长圆状披针形、倒卵形、长椭圆形至椭圆形，全缘。茎第三年自莲座丛中抽出花茎，花茎高 10~30cm；花序紧密，总状；苞片匙状卵形，常啮蚀状，上部的短渐尖；花常无梗。种子卵状长圆形，长 0.8mm，有纵条纹。花期 7 月，果期 8~9 月。

小丛红景天 *Rhodiola dumulosa*

景天科 Crassulaceae　　红景天属 *Rhodiola*

　　根颈粗壮，分枝，地上部分常被有残留的老枝。花茎聚生主轴顶端，直立或弯曲，不分枝。叶互生，线形至宽线形，先端稍急尖，基部无柄，全缘。花序聚伞状，有4~7花；萼片5，线状披针形，长4mm，宽0.7~0.9mm；花瓣白或红色，披针状长圆形，直立，长8~11mm，宽2.3~2.8mm。种子长圆形，长1.2mm，有微乳头状突起，有狭翅。花期6~7月，果期8月。

狭叶红景天　*Rhodiola kirilowii*

景天科 Crassulaceae　　红景天属 *Rhodiola*

根粗，直立。根颈直径 1.5cm，先端被三角形鳞片。花茎少数，高 15~60cm，少数可达 90cm，直径 4~6mm，叶密生。叶互生，线形至线状披针形，先端急尖，边缘有疏锯齿，或有时全缘，无柄。花序伞房状，有多花，宽 7~10cm；雌雄异株。种子长圆状披针形，长 1.5mm。花期 6~7 月，果期 7~8 月。

红景天 *Rhodiola rosea*

景天科 Crassulaceae   红景天属 *Rhodiola*

根粗壮，直立。根颈短，先端被鳞片。花茎高 20~30cm。叶疏生，长圆形至椭圆状倒披针形或长圆状宽卵形，基部稍抱茎。花序伞房状，密集多花，长 2cm，宽 3~6cm；雌雄异株；花瓣 4，黄绿色，线状倒披针形或长圆形。种子披针形，长 2mm，一侧有狭翅。花期 4~6 月，果期 7~9 月。

瓦松 *Orostachys fimbriata*

景天科 Crassulaceae 瓦松属 *Orostachys*

叶互生，疏生，有刺，线形至披针形，长可达 3cm，宽 2~5mm。花序总状，紧密，或下部分枝，可呈宽 20cm 的金字塔形；苞片线状渐尖；花梗长达 1cm；萼片 5，长圆形，长 1~3mm；花瓣 5，红色，披针状椭圆形，长 5~6mm，宽 1.2~1.5mm，先端渐尖，基部 1mm 合生。种子多数，卵形。花期 8~9 月，果期 9~10 月。

桔梗 *Platycodon grandiflorus*

jié gěng

桔梗科 Campanulaceae　　桔梗属 *Platycodon*

茎高 20~120cm，通常无毛，偶密被短毛，不分枝或极少上部分枝。叶全部轮生、部分轮生至全部互生，无柄或有极短的柄，叶片卵形、卵状椭圆形至披针形，长 2~7cm，宽 0.5~3.5cm，基部宽楔形至圆钝，顶端急尖，上面无毛而绿色，下面常无毛而有白粉。花单朵顶生，花冠蓝色或紫色。蒴果球状。花期 7~9 月，果期 8~10 月。

展枝沙参 *Adenophora divaricata*

桔梗科 Campanulaceae　　沙参属 *Adenophora*

　　叶全部轮生，极少稍错开的，叶片常菱状卵形至菱状圆形，顶端急尖至钝，边缘具锯齿，齿不内弯。花序常为宽金字塔状，花序分枝长而几乎平展；花盘细长，长 1.8~2.5mm，超过宽度。花蓝色、蓝紫色，极少近白色。花期 7~8 月，果期 9~10 月。

多歧沙参 ^{qí} *Adenophora potaninii* subsp. *wawreana*

桔梗科 Campanulaceae　　沙参属 *Adenophora*

　　根有时很粗大，直径可达 7cm。茎基常不分枝，有时有长达 5mm 的分枝。基生叶心形；茎生叶具柄，柄长的可达 2.5cm，叶片卵形、卵状披针形。花序为大圆锥花序，花冠宽钟状，蓝紫色、淡紫色。蒴果宽椭圆状。花期 7~9 月。

石沙参 *Adenophora polyantha*

桔梗科 Campanulaceae　　沙参属 *Adenophora*

茎一至数支发自一条茎基上，常不分枝，高 20~100cm，无毛或有各种疏密程度的短毛。基生叶心状肾形，边缘具不规则粗锯齿，茎生叶完全无柄。花梗短，长一般不超过 1cm；花冠紫色或深蓝色，钟状，花盘筒状。蒴果卵状椭圆形；种子黄棕色，有一条带翅的棱，长 1.2mm。花期 8~10 月，果期 9~10 月。

荠苨 *Adenophora trachelioides*

^{jì nǐ}

桔梗科 Campanulaceae　　沙参属 *Adenophora*

茎单生，高 40~120cm，直径可达近 1cm，无毛，有时具分枝。基生叶心形或肾形，宽超过长；茎生叶具 2~6cm 长的叶柄，叶片心形或在茎上部的叶基部近于平截形。花序分枝大多长而几乎平展，组成大圆锥花序，或分枝短而组成狭圆锥花序；花冠钟状，蓝色、蓝紫色或白色。蒴果卵状圆锥形；种子黄棕色，两端黑色。花期 7~9 月，果期 10 月。

苍术 *Atractylodes lancea*

^zhú

菊科 Asteraceae　苍术属 *Atractylodes*

根状茎平卧或斜升，粗长或通常呈疙瘩状。茎直立，通常高 30~100cm，单生或少数茎成簇生，下部或中部以下常紫红色。基部叶花期脱落。头状花序单生茎枝顶端，但不形成明显的花序式排列，植株有多数或少数（2~5 个）头状花序；小花白色，长 9mm。瘦果倒卵圆状，被稠密的顺向贴伏的白色长直毛。花果期 6~10 月。

苍耳 *Xanthium strumarium*

菊科 Asteraceae   苍耳属 *Xanthium*

高 20~90cm。根纺锤状，分枝或不分枝。茎直立不分枝或少有分枝，下部圆柱形，径 4~10mm，上部有纵沟，被灰白色糙伏毛。叶三角状卵形或心形，长 4~9cm，宽 5~10cm，近全缘，或有 3~5 不明显浅裂，顶端尖或钝，基部稍心形或截形，边缘有不规则的粗锯齿；有三基出脉；上面绿色，下面苍白色，被糙伏毛；叶柄长 3~11cm。瘦果 2，倒卵形。花期 7~8 月，果期 9~10 月。

翠菊　*Callistephus chinensis*

菊科 Asteraceae　　翠菊属 *Callistephus*

高（15~）30~100cm。茎直立，单生，有纵棱，被白色糙毛，基部直径 6~7mm，或纤细达 1mm，分枝斜升或不分枝。下部茎叶花期脱落或宿存；中部茎叶卵形、菱状卵形、匙形或近圆形，边缘有不规则的粗锯齿，两面被稀疏的短硬毛；叶柄长 2~4cm，被白色短硬毛，有狭翼。头状花序单生于茎枝顶端，直径 6~8cm；总苞半球形，宽 2~5cm；两性花花冠黄色。花果期 5~10 月。

大丁草 *Leibnitzia anandria*

菊科 Asteraceae   大丁草属 *Leibnitzia*

　　根簇生，粗而略带肉质。叶基生，莲座状，于花期全部发育，叶片形状多变异；叶柄长 2~4cm 或有时更长，被白色绵毛。头状花序单生于花莛之顶，倒锥形，直径 10~15mm。头状花序外层雌花管状二唇形，无舌片。瘦果纺锤形，具纵棱，被白色粗毛。花期春、秋二季。

飞廉　*Carduus nutans*

菊科 Asteraceae　　飞廉属 *Carduus*

高 30~100cm。茎单生或少数茎成簇生，通常多分枝，分枝细长，极少不分枝，全部茎枝有条棱，被稀疏的蛛丝毛和多细胞长节毛，上部或接头状花序下部常呈灰白色，被密厚的蛛丝状绵毛。全部茎叶两面同色，两面沿脉被多细胞长节毛。头状花序通常下垂或下倾；总苞钟状或宽钟状，总苞直径 4~7cm，总苞片多层，全部苞片无毛或被稀疏蛛丝状毛。瘦果灰黄色，楔形。花果期 6~10 月。

一年蓬 *Erigeron annuus*
<small>péng</small>

菊科 Asteraceae   飞蓬属 *Erigeron*

茎直立，粗壮，高 30~100cm，基部径 6mm；上部有分枝，绿色；茎上部被较密的上弯的短硬毛，下部被开展的长硬毛。基部叶长圆形或宽卵形，花期枯萎；下部茎生叶与基部叶同形；中部和上部叶长圆状披针形或披针形。头状花序排列成疏圆锥花序；外围雌花舌状，白色或淡天蓝色，线形；中央两性花管状，黄色。瘦果披针形。花期 6~9 月，果期 8~10 月。

风毛菊 *Saussurea japonica*

菊科 Asteraceae　　风毛菊属 *Saussurea*

高 50~150（~200）cm。根倒圆锥状或纺锤形，黑褐色。茎直立，基部直径 1cm，通常无翼，极少有翼，被稀疏的短柔毛及金黄色的小腺点。基生叶与下部茎叶有叶柄，柄长 3~3.5（~6）cm，有狭翼，叶片全形椭圆形、长椭圆形或披针形，羽状深裂，两面有稠密的凹陷性的淡黄色小腺点。头状花序多数，在茎枝顶端排成伞房状或伞房圆锥花序，有小花梗。瘦果深褐色，圆柱形。花果期 6~11 月。

篦苞风毛菊 *Saussurea pectinata*

bì bāo

菊科 Asteraceae   风毛菊属 *Saussurea*

　　高 20~100cm。根状茎斜升，颈部被褐色纤维状撕裂的叶柄残迹。茎直立，有棱，下部被稀疏蛛丝毛，上部被短糙毛。基生叶花期枯萎，下部和中部茎叶有柄，柄长 4.5~5cm，叶片全形卵形、卵状披针形或椭圆形，长 9~22cm，宽 4~12cm，羽状深裂，少羽状浅裂。头状花序数个在茎枝顶端排成伞房花序。花果期 8~10 月。

银背风毛菊　*Saussurea nivea*

菊科 Asteraceae　　风毛菊属 *Saussurea*

高 30~120cm。根状茎斜升，颈部被褐色叶柄残迹。茎直立，被稀疏蛛丝毛或后脱毛。基生叶花期脱落；下部与中部茎叶有长柄，柄长 3~8cm，叶片披针状三角形、心形或戟形，全部叶两面异色，上面绿色、无毛，下面银灰色、被稠密的绵毛。头状花序在茎枝顶端排成疏伞房状，花梗长 0.5~5cm，有线形苞叶。瘦果圆柱状，褐色。花果期 7~9 月。

婆婆针 *Bidens bipinnata*

菊科 Asteraceae　　鬼针草属 *Bidens*

茎直立，高 30~120cm，下部略具四棱，无毛或上部被稀疏柔毛，基部直径 2~7cm。叶对生，具柄，柄长 2~6cm。头状花序直径 6~10mm；花序梗长 1~5cm（果时长 2~10cm）；舌状花通常 1~3 朵，不育，舌片黄色，椭圆形或倒卵状披针形。瘦果条形，具瘤状突起及小刚毛，顶端芒刺 3~4 枚，具倒刺毛。花果期 6~11 月。

鬼针草 *Bidens pilosa*

菊科 Asteraceae 鬼针草属 *Bidens*

茎直立，高 30~100cm，钝四棱形，无毛或上部被极稀疏的柔毛，基部直径可达 6mm。茎下部叶较小，3 裂或不分裂，通常在开花前枯萎；中部叶具长 1.5~5cm 无翅的柄，三出，小叶 3 枚。头状花序直径 8~9mm，有长 1~6cm（果期长 3~10cm）的花序梗。果黑色，条形，具棱，长 7~13mm，宽约 1mm，上部具稀疏瘤状突起及刚毛，顶端芒刺 3~4 枚，具倒刺毛。

狼耙草 *Bidens tripartita*
（耙 bà）

菊科 Asteraceae　　鬼针草属 *Bidens*

茎高 20~150cm，圆柱状或具钝棱而稍呈四方形，基部直径 2~7mm，无毛，绿色或带紫色，上部分枝或有时自基部分枝。叶对生，通常于花期枯萎，中部叶具柄，柄长 0.8~2.5cm，有狭翅。头状花序单生茎端及枝端，具较长的花序梗；无舌状花，全为筒状两性花，花冠长 4~5mm。瘦果扁，楔形或倒卵状楔形，边缘有倒刺毛，顶端芒刺通常 2 枚，极少 3~4 枚，长 2~4mm，两侧有倒刺毛。

大籽蒿 *Artemisia sieversiana*

hāo

菊科 Asteraceae　　蒿属 *Artemisia*

主根单一，垂直，狭纺锤形。茎单生，直立，高50~150cm，基部直径可达2cm，纵棱明显，分枝多；茎、枝被灰白色微柔毛。下部与中部叶宽卵形或宽卵圆形，两面被微柔毛，上部叶及苞片叶羽状全裂或不分裂。头状花序大，多数，半球形或近球形，直径（3~）4~6mm，具短梗；总苞片3~4层，近等长，外层、中层总苞片长卵形或椭圆形，背面被灰白色微柔毛或近无毛，中肋绿色。瘦果长圆形。花果期6~10月。

猪毛蒿 *Artemisia scoparia*

菊科 Asteraceae   蒿属 *Artemisia*

植株有浓烈的香气。主根单一，狭纺锤形、垂直，半木质或木质化；根状茎粗短，直立，半木质或木质，常有细的营养枝，枝上密生叶。茎通常单生，高 40~90（~130）cm，红褐色或褐色，有纵纹；茎、枝幼时被灰白色或灰黄色绢质柔毛，后脱落。基生叶与营养枝叶两面被灰白色绢质柔毛；叶近圆形、长卵形，二至三回羽状全裂，具长柄，花期叶凋谢。头状花序近球形，直径 1~1.5（~2）mm，具极短梗或无梗。瘦果倒卵形或长圆形，褐色。花果期 7~10 月。

茵陈蒿 *Artemisia capillaris*

菊科 Asteraceae　　蒿属 *Artemisia*

植株有浓烈的香气。主根明显木质，垂直或斜向下伸长；根茎直径5~8mm，直立。茎单生或少数，高40~120cm或更长，红褐色或褐色，有不明显的纵棱；茎、枝初时密生灰白色或灰黄色绢质柔毛；基生叶、茎下部叶与营养枝叶两面均被棕黄色或灰黄色绢质柔毛，后期茎下部叶被毛脱落；上部叶与苞片叶羽状5全裂或3全裂，基部裂片半抱茎。头状花序卵球形，花序托小，凸起。瘦果长圆形或长卵形。花果期7~10月。

南牡蒿 *Artemisia eriopoda*

菊科 Asteraceae　　蒿属 *Artemisia*

植株有浓香。主根明显，粗短，侧根多；根状茎稍粗短，肥厚，常呈短圆柱状。茎通常单生，高（30~）40~80cm，具细纵棱，基部密生短柔毛，其余无毛。叶上面无毛，背面微有短柔毛或无毛；基生叶与茎下部叶近圆形、宽卵形或倒卵形，上部叶渐小，卵形或长卵形，羽状全裂，每侧裂片2~3枚，裂片椭圆形，先端常有3枚浅裂齿。头状花序多数，宽卵形或近球形，直径1.5~2.5mm，无梗或具短梗，基部具线形的小苞叶。瘦果长圆形。花果期6~11月。

牡蒿 *Artemisia japonica*

菊科 Asteraceae   蒿属 *Artemisia*

植株有香气。主根稍明显，侧根多，常有块根；根状茎稍粗短，直立或斜向上，直径3~8mm，常有若干条营养枝。茎单生或少数，高50~130cm，有纵棱，紫褐色或褐色。叶两面无毛或初时微有短柔毛，后无毛；基生叶与茎下部叶倒卵形或宽匙形。头状花序多数，卵球形或近球形，直径1.5~2.5mm，无梗或有短梗，基部具线形的小苞叶。瘦果小，倒卵形。花果期7~10月。

黄花蒿 *Artemisia annua*

菊科 Asteraceae　　蒿属 *Artemisia*

植株有浓烈的挥发性香气。根单生，垂直，狭纺锤形。茎单生，高 100~200cm，基部直径可达 1cm，有纵棱；茎、枝、叶两面及总苞片背面无毛或初时背面具极稀疏短柔毛，后脱落无毛。茎下部叶两面具细小脱落性的白色腺点及细小凹点，基部有半抱茎的假托叶；中部叶二（至三）回羽状深裂，小裂片栉齿状三角形。头状花序球形，多数，直径 1.5~2.5mm。瘦果小，椭圆状卵形。花果期 8~11 月。

白莲蒿 *Artemisia stechmanniana*

菊科 Asteraceae　　蒿属 *Artemisia*

根稍粗大，木质，垂直；根状茎粗壮，直径可达3cm。茎多数，常组成小丛，高50~100 (~150) cm，褐色或灰褐色，具纵棱；茎、枝初时被微柔毛，后下部脱落无毛，上部宿存或无毛。叶上面绿色，下面被灰白色短柔毛，呈灰白色。茎下部与中部叶长卵形、三角状卵形或长椭圆状卵形，二至三回栉齿状羽状分裂，第一回全裂。头状花序近球形，具短梗或近无梗。瘦果狭椭圆状卵形或狭圆锥形。花果期8~10月。

蒌蒿 *Artemisia selengensis*

菊科 Asteraceae　　蒿属 *Artemisia*

植株具清香气味。主根不明显或稍明显，具多数侧根与纤维状须根；根状茎稍粗，直立或斜向上，直径 4~10mm，有匍匐地下茎。茎少数或单生，高 60~150cm。叶上面绿色，无毛或近无毛，背面密被灰白色蛛丝状平贴的绵毛。头状花序多数，长圆形或宽卵形，直径 2~2.5mm，近无梗，直立或稍倾斜。瘦果卵形，略扁。花果期 7~10 月。

艾 *Artemisia argyi*

菊科 Asteraceae　　蒿属 *Artemisia*

植株有浓烈香气。主根明显，略粗长，直径达 1.5cm，侧根多；常有横卧地下根状茎及营养枝。茎单生或少数，高 80~150（~250）cm，有明显纵棱，褐色或灰黄褐色，茎、枝均被灰色蛛丝状柔毛。叶上面被灰白色短柔毛，并有白色腺点与小凹点，背面密被灰白色蛛丝状密茸毛；基生叶具长柄，花期萎谢；茎下部叶近圆形或宽卵形，羽状深裂，每侧具裂片 2~3 枚。头状花序椭圆形，直径 2.5~3（~3.5）mm，无梗或近无梗。瘦果长卵形或长圆形。花果期 7~10 月。

野艾蒿 *Artemisia lavandulifolia*

菊科 Asteraceae　　蒿属 *Artemisia*

茎成小丛，稀单生，高达 1.2m，分枝多；茎、枝被灰白色蛛丝状柔毛。叶上面具密集白色腺点及小凹点，初疏被灰白色蛛丝状柔毛，下面除中脉外密被灰白色绵毛；基生叶与茎下部叶宽卵形或近圆形，长 8~13cm，二回羽状全裂或一回全裂、二回深裂；中部叶卵形、长圆形或近圆形。头状花序极多数，椭圆形或长圆形，径 2~2.5mm。瘦果长卵圆形或倒卵圆形。花果期 8~10 月。

蒙古蒿 *Artemisia mongolica*

菊科 Asteraceae　　蒿属 *Artemisia*

根细，侧根多；根状茎短，半木质化，直径 4~7mm，有少数营养枝。茎少数或单生，高 40~120cm，具明显纵棱；分枝多，斜向上或略开展；茎、枝初时密被灰白色蛛丝状柔毛，后稍稀疏。叶纸质或薄纸质，上面绿色，背面密被灰白色蛛丝状茸毛。头状花序多数，椭圆形，直径 1.5~2mm，无梗，直立或倾斜。瘦果小，长圆状倒卵形。花果期 8~10 月。

和尚菜　*Adenocaulon himalaicum*

菊科 Asteraceae　　和尚菜属 *Adenocaulon*

根状茎匍匐，直径 1~1.5cm。茎直立，高 30~100cm。下部茎叶肾形或圆肾形，基部心形，顶端急尖或钝，边缘有不等形的波状大牙齿，齿端有突尖，叶上面沿脉被尘状柔毛，下面密被蛛丝状毛，基出三脉，有狭或较宽的翼。头状花序排成狭或宽大的圆锥状花序，花梗短，被白色茸毛。瘦果棍棒状，长 6~8mm，被多数头状具柄的腺毛。花果期 6~11月。

刺儿菜　*Cirsium arvense* var. *integrifolium*

菊科 Asteraceae　　蓟属 *Cirsium*

　　茎直立，高 30~80（100~120）cm，基部直径 3~5mm。基生叶和中部茎叶椭圆形、长椭圆形或椭圆状倒披针形，顶端钝或圆形，基部楔形，通常无叶柄。全部茎叶两面同色，绿色或下面色淡，两面无毛，极少两面异色，上面绿色，无毛，下面被稀疏或稠密的茸毛而呈现灰色的。头状花序单生茎端，或植株含少数或多数头状花序在茎枝顶端排成伞房花序。瘦果淡黄色，椭圆形或偏斜椭圆形。花果期 5~9 月。

甘菊 *Chrysanthemum lavandulifolium*

菊科 Asteraceae　　菊属 *Chrysanthemum*

茎密被柔毛，下部毛渐稀至无毛；叶大而质薄，两面无毛或几无毛；基生及中部茎生叶菱形、扇形或近肾形，长0.5~2.5cm，两面绿或淡绿色，二回掌状或掌式羽状分裂，一至二回全裂；叶下面疏被柔毛，有柄。头状花序径 2~4cm，单生茎顶，总苞边缘棕褐或黑褐色宽膜质，外层线形、长椭圆形或卵形。瘦果长约 2mm。花果期 6~8 月。

小红菊　*Chrysanthemum chanetii*

菊科 Asteraceae　　菊属 *Chrysanthemum*

高 15~60cm，有地下匍匐根状茎。茎直立或基部弯曲，自基部或中部分枝；全部茎枝有稀疏的毛，茎顶及接头状花序处的毛稍多。中部茎叶肾形、半圆形、近圆形或宽卵形，通常 3~5 掌状或掌式羽状浅裂或半裂。舌状花白色、粉红色或紫色，舌片长 1.2~2.2cm，顶端 2~3 齿裂。瘦果长 2mm，顶端斜截，下部收窄，具 4~6 条脉棱。花果期 7~10 月。

苣荬菜 *Sonchus wightianus*

qǔ mǎi

苣荬菜 *Sonchus wightianus*

菊科 Asteraceae 苦苣菜属 Sonchus

根垂直下伸，多少有根状茎。茎直立，高 30~150cm，有细条纹，花序分枝与花序梗被稠密的头状具柄腺毛。基生叶多数，与中下部茎叶全形倒披针形或长椭圆形，羽状或倒向羽状深裂、半裂或浅裂。头状花序在茎枝顶端排成伞房状花序；总苞钟状，全部总苞片顶端长渐尖，外面沿中脉有 1 行头状具柄的腺毛；舌状小花多数，黄色。瘦果每面有 5 条细肋，肋间有横皱纹。花果期 1~9 月。

苦苣菜 *Sonchus oleraceus*

菊科 Asteraceae   苦苣菜属 *Sonchus*

根圆锥状，垂直下伸，有多数纤维状的须根。茎直立，单生，高 40~150cm，有纵条棱或条纹。基生叶羽状深裂，全部基生叶基部渐狭成长或短翼柄。头状花序排成伞房或总状花序，或单生茎枝顶端。瘦果褐色，花果期 5~12 月。

中华苦荬菜　*Ixeris chinensis*

菊科 Asteraceae　　苦荬菜属 *Ixeris*

高 5~47cm。根直伸，通常不分枝。根状茎极短缩。茎直立单生或少数成簇生，基部直径 1~3mm。基生叶长椭圆形、倒披针形、线形或舌形，顶端钝或急尖或向上渐窄；茎生叶 2~4 枚，长披针形或长椭圆状披针形，不裂，边缘全缘；全部叶两面无毛。头状花序通常在茎枝顶端排成伞房花序，含舌状小花 21~25 枚。瘦果褐色，长椭圆形。花果期 1~10 月。

蓝刺头 *Echinops sphaerocephalus*

菊科 Asteraceae   蓝刺头属 *Echinops*

高 50~150cm。茎单生，上部分枝长或短，粗壮，全部茎枝被稠密的多细胞长节毛和稀疏蛛丝状薄毛。基部和下部茎叶全形宽披针形；全部叶两面异色，上面绿色，被稠密短糙毛，下面灰白色。复头状花序单生茎枝顶端，直径 4~5.5cm。瘦果倒圆锥状；冠毛量杯状，高约 1.2mm。花果期 8~9 月。

钻叶紫菀 *Symphyotrichum subulatum*

wǎn

菊科 Asteraceae   联毛紫菀属 *Symphyotrichum*

　　茎高 25~100cm，无毛。基生叶倒披针形，花后凋落；茎中部叶线状披针形，主脉明显，侧脉不显著，无柄；上部叶渐狭窄，全缘，无柄，无毛。头状花序，多数在茎顶端排成圆锥状；总苞钟状，总苞片 3~4 层，外层较短，内层较长，线状钻形，边缘膜质，无毛；舌状花细狭，淡红色，长与冠毛相等或稍长；管状花多数，花冠短于冠毛。瘦果长圆形或椭圆形，有 5 纵棱，冠毛淡褐色。

漏芦 *Rhaponticum uniflorum*

菊科 Asteraceae　　漏芦属 *Rhaponticum*

高（6~）30~100cm。根状茎粗厚。根直伸，直径1~3cm。茎直立，不分枝，簇生或单生，基部直径0.5~1cm，被褐色残存的叶柄。基生叶及下部茎叶全形椭圆形、长椭圆形或倒披针形。头状花序单生茎顶，裸露或有少数钻形小叶。花冠紫红色。瘦果3~4棱，楔状。花果期4~9月。

毛连菜 *Picris hieracioides*

菊科 Asteraceae　　毛连菜属 *Picris*

高 16~120cm。根直伸，粗壮。茎直立，上部伞房状分枝，有纵沟纹，被稠密或稀疏的亮色分叉钩状硬毛。头状花序较多数，全部总苞片外面被硬毛和短柔毛。瘦果纺锤形，长约 3mm，棕褐色，有纵肋，肋上有横皱纹。花果期 6~9 月。

泥胡菜 *Hemisteptia lyrata*

菊科 Asteraceae　　泥胡菜属 *Hemisteptia*

高 30~100cm。茎单生，通常纤细，被稀疏蛛丝毛。基生叶长椭圆形或倒披针形，花期通常枯萎；全部茎叶两面异色，上面绿色，无毛，下面灰白色，被厚或薄茸毛，基生叶及下部茎叶有长叶柄，最上部茎叶无柄。头状花序在茎枝顶端排成疏松伞房花序。瘦果深褐色，压扁。花果期 3~8 月。

牛蒡 bàng *Arctium lappa*

菊科 Asteraceae　　牛蒡属 *Arctium*

　　具粗大的肉质直根，长达 15cm，径可达 2cm，有分枝支根。茎直立，高达 2m，粗壮，基部直径达 2cm。头状花序多数或少数在茎枝顶端排成疏松的伞房花序或圆锥状伞房花序，花序梗粗壮。瘦果倒长卵形或偏斜倒长卵形，有深褐色的色斑或无色斑。花果期 6~9 月。

牛膝菊　*Galinsoga parviflora*

菊科 Asteraceae　　牛膝菊属 *Galinsoga*

　　高 10~80cm。茎不分枝或自基部分枝，分枝斜升。叶对生，卵形或长椭圆状卵形。头状花序半球形，有长花梗，多数在茎枝顶端排成疏松的伞房花序，花序径约 3cm；舌状花 4~5 个，舌片白色，顶端 3 齿裂。瘦果 3 棱或中央的瘦果 4~5 棱。花果期 7~10 月。

蒲公英 *Taraxacum mongolicum*

菊科 Asteraceae   蒲公英属 *Taraxacum*

根圆柱状，黑褐色，粗壮。叶倒卵状披针形、倒披针形或长圆状披针形，先端钝或急尖，边缘有时具波状齿或羽状深裂。头状花序直径30~40mm；总苞片2~3层，边缘宽膜质，基部淡绿色，上部紫红色。瘦果倒卵状披针形，暗褐色，上部具小刺，下部具成行小瘤。花期4~9月，果期5~10月。

白缘蒲公英 *Taraxacum platypecidum*

菊科 Asteraceae 蒲公英属 *Taraxacum*

　　根颈部有黑褐色残存叶柄。叶宽倒披针形，羽状分裂，每侧裂片 5~8 片，裂片三角形，全缘或有疏齿，侧裂片较大。头状花序大型，直径 40~45mm；总苞宽钟状，总苞片 3~4 层，边缘宽白色膜质；舌状花黄色，边缘花舌片背面有紫红色条纹。瘦果淡褐色。花果期 3~6 月。

鸦葱 *Takhtajaniantha austriaca*

菊科 Asteraceae　　鸦葱属 *Takhtajaniantha*

高达 42cm。茎簇生，无毛。基生叶线形、窄线形、线状披针形、线状长椭圆形或长椭圆形，长 3~35cm，向下部渐窄成具翼长柄，两面无毛或沿基部边缘有蛛丝状柔毛；茎生叶鳞片状，披针形或钻状披针形，基部心形，半抱茎。头状花序单生茎端；总苞圆柱状；舌状小花黄色。瘦果圆柱状。花果期 4~7 月。

桃叶鸦葱 *Takhtajaniantha sinensis*

菊科 Asteraceae　　鸦葱属 *Takhtajaniantha*

高 5~53cm。根直伸，粗壮，粗达 1.5cm，褐色或黑褐色，通常不分枝。茎直立，簇生或单生，不分枝，光滑无毛；茎基密被纤维状撕裂鞘状残遗物。基生叶宽卵形、宽披针形、宽椭圆形、倒披针形、椭圆状披针形、线状长椭圆形或线形。头状花序单生茎顶，舌状小花黄色。瘦果圆柱状，有多数高起纵肋。花果期 4~9 月。

兔儿伞 *Syneilesis aconitifolia*

菊科 Asteraceae   兔儿伞属 *Syneilesis*

根状茎短，横走，具多数须根。茎直立，高 70~120cm。叶通常 2，疏生；下部叶具长柄；叶片盾状圆形，直径 20~30cm，掌状深裂。头状花序多数，在茎端密集成复伞房状，小花 8~10，花冠淡粉白色。瘦果圆柱形。花期 6~7 月，果期 8~10 月。

狭苞橐吾 *Ligularia intermedia*

tuó

菊科 Asteraceae　　橐吾属 *Ligularia*

根肉质，多数。茎直立，高达 100cm，上部被白色蛛丝状柔毛，下部光滑，基部直径达 1cm。丛生叶与茎下部叶具柄，柄长 16~43cm，光滑，基部具狭鞘，叶片肾形或心形；茎中上部叶与下部叶同形，较小，具短柄或无柄，鞘略膨大；茎最上部叶卵状披针形，苞叶状。总状花序长 22~25cm，舌状花 4~6，黄色。瘦果圆柱形，长约 5mm。花果期 7~10 月。

全缘橐吾 *Ligularia mongolica*

菊科 Asteraceae　　橐吾属 *Ligularia*

根肉质，细长。茎直立，圆形，高 30~110cm，基部被枯叶柄纤维包围。丛生叶与茎下部叶具柄，柄长达 35cm，截面半圆形，光滑，基部具狭鞘，叶片卵形、长圆形或椭圆形，长 6~25cm，宽 4~12cm，先端钝，全缘，基部楔形。总状花序密集。瘦果圆柱形，褐色，长约 5mm，光滑。花果期 5~9 月。

山莴苣 wō jù *Lactuca sibirica*

菊科 Asteraceae　　莴苣属 *Lactuca*

高 50~130cm。根直伸。茎直立，通常单生，常淡红紫色，上部伞房状或伞房圆锥状花序分枝，全部茎枝光滑无毛。中下部茎叶披针形、长披针形或长椭圆状披针形，长10~26cm，宽 2~3cm。全部叶两面光滑无毛。头状花序含舌状小花约 20 枚，舌状小花蓝色或蓝紫色。瘦果长椭圆形或椭圆形。花果期 7~9 月。

乳苣 *Lactuca tatarica*

菊科 Asteraceae   莴苣属 *Lactuca*

高 15~60cm。根直伸。茎直立，有细条棱或条纹，上部有圆锥状花序分枝，全部茎枝光滑无毛。中下部茎叶长椭圆形、线状长椭圆形或线形，基部渐狭成短柄；上部叶与中部茎叶同形或宽线形，但向上渐小；全部叶质地稍厚，两面光滑无毛。头状花序约含 20 枚小花，舌状小花紫色或紫蓝色。瘦果长圆状披针形。花果期 6~9 月。

豨莶 *Sigesbeckia orientalis*

_{xī xiān}

菊科 Asteraceae　　豨莶属 *Siegesbeckia*

　　茎直立，高 30~100cm，分枝斜升，全部分枝被灰白色短柔毛。中部叶三角状卵圆形或卵状披针形，长 4~10cm，宽 1.8~6.5cm，基部阔楔形，下延成具翼的柄，上面绿色，下面淡绿，具腺点。头状花序径 15~20mm，多数聚生于枝端，排列成具叶的圆锥花序，花黄色。瘦果倒卵圆形，有 4 棱。花期 4~9 月，果期 6~11 月。

山尖子 *Parasenecio hastatus*

菊科 Asteraceae   蟹甲草属 *Parasenecio*

根状茎平卧。茎坚硬，直立，高 40~150cm，不分枝，具纵沟棱，下部无毛或近无毛，上部被密腺状短柔毛。下部叶在花期枯萎凋落，中部叶三角状戟形，沿叶柄下延成具狭翅的叶柄，边缘具不规则的细尖齿，上面绿色，无毛或被疏短毛，下面淡绿色，被密或较密的柔毛。头状花序多数，下垂，小花 8~15（~20），花冠淡白色。瘦果圆柱形，具肋。花期 7~8 月，果期 9 月。

旋覆花　*Inula japonica*

菊科 Asteraceae　旋覆花属 *Inula*

　　根状茎短，横走或斜升。茎单生，有时2~3个簇生，直立，高30~70cm。基部叶常较小，中部叶长圆形，常有圆形半抱茎的小耳，无柄，上面有疏毛或近无毛，下面有疏伏毛和腺点。头状花序径3~4cm，多数或少数排列成疏散的伞房花序；舌状花黄色。瘦果长圆柱形，有10条沟。花期6~10月，果期9~11月。

线叶旋覆花　*Inula linariifolia*

菊科 Asteraceae　　旋覆花属 *Inula*

　　茎被柔毛，上部常被长毛，兼有腺体。基部叶和下部叶线状披针形，长5~15cm，下部渐窄成长柄，边缘常反卷，有不明显小齿，上面无毛，下面有腺点，被蛛丝状柔毛或长伏毛；中部叶渐无柄，上部叶线状披针形或线形。头状花序径1.5~2.5cm，单生枝端或3~5个排成伞房状；舌片黄色。瘦果圆柱形，有细沟，被粗毛。花期7~9月，果期8~10月。

紫菀 *Aster tataricus*

菊科 Asteraceae　　紫菀属 *Aster*

根状茎斜升。茎直立，高 40~50cm，粗壮，基部有纤维状枯叶残片且常有不定根，有棱及沟，被疏粗毛，有疏生的叶。基部叶在花期枯落，长圆状或椭圆状匙形，边缘有具小尖头的圆齿或浅齿。头状花序多数，径 2.5~4.5cm，在茎和枝端排列成复伞房状；花序梗长，有线形苞叶。瘦果倒卵状长圆形，紫褐色，长 2.5~3mm，两面各有 1 或少有 3 脉，上部被疏粗毛。花期 7~9 月，果期 8~10 月。

三脉紫菀 *Aster ageratoides*

菊科 Asteraceae　　紫菀属 *Aster*

　　根状茎粗壮。茎直立，高 40~100cm，有棱及沟，被柔毛或粗毛，上部有时屈折，有上升或开展的分枝。下部叶在花期枯落，叶片宽卵圆形，急狭成长柄；中部叶椭圆形或长圆状披针形；有离基（有时长达 7cm）三出脉，侧脉 3~4 对，网脉常明显。头状花序径 1.5~2cm，排列成伞房或圆锥伞房状；总苞倒锥状或半球状，总苞片 3 层，覆瓦状排列；舌状花十余个。瘦果倒卵状长圆形，灰褐色。花果期 7~12 月。

东风菜 *Aster scaber*

菊科 Asteraceae 紫菀属 *Aster*

根状茎粗壮。茎直立，高 100~150cm，上部有斜升的分枝，被微毛。基部叶在花期枯萎，叶片心形，长 9~15cm，宽 6~15cm，边缘有具小尖头的齿，顶端尖；全部叶两面被微糙毛，下面浅色。头状花序径 18~24mm，花序梗长 9~30mm。总苞半球形，总苞片约 3 层，无毛，边缘宽膜质；舌状花约 10 个，舌片白色，条状矩圆形。瘦果倒卵圆形或椭圆形。花期 6~10 月，果期 8~10 月。

藜芦 *Veratrum nigrum*

藜芦科 Melanthiaceae   藜芦属 *Veratrum*

高 1m。叶椭圆形、宽卵状椭圆形或卵状披针形，长 22~25cm，宽约 10cm，薄革质，先端锐尖或渐尖，基部无柄或生于茎上部的具短柄，两面无毛。圆锥花序密生黑紫色花；侧生总状花序近直立伸展，顶生总状花序常较侧生花序长 2 倍以上。蒴果长 1.5~2cm，宽 1~1.3cm。花果期 7~9 月。

biān xù

萹蓄 *Polygonum aviculare*

蓼科 Polygonaceae　　萹蓄属 *Polygonum*

茎平卧、上升或直立，高 10~40cm，自基部多分枝，具纵棱。叶椭圆形、狭椭圆形或披针形，长 1~4cm，宽 3~12mm，全缘，两面无毛，下面侧脉明显；叶柄短或近无柄，基部具关节。花单生或数朵簇生于叶腋，遍布于植株。瘦果卵形，具 3 棱。花期 5~7 月，果期 6~8 月。

红蓼 *Persicaria orientalis*

蓼科 Polygonaceae　　蓼属 *Persicaria*

茎直立，粗壮，高 1~2m，上部多分枝，密被开展的长柔毛。叶宽卵形、宽椭圆形或卵状披针形，长 10~20cm，宽 5~12cm，两面密生短柔毛；叶柄长 2~10cm。总状花序呈穗状，顶生或腋生，长 3~7cm。瘦果近圆形，双凹，包于宿存花被内。花期 6~9 月，果期 8~10 月。

酸模叶蓼 *Persicaria lapathifolia*

蓼科 Polygonaceae　蓼属 *Persicaria*

高 40~90cm。茎直立，具分枝，无毛。叶披针形或宽披针形，长 5~15cm，宽 1~3cm，顶端渐尖或急尖，基部楔形，上面绿色，常有一个大的黑褐色新月形斑点，两面沿中脉被短硬伏毛，全缘，边缘具粗缘毛；叶柄短，具短硬伏毛。总状花序呈穗状。瘦果宽卵形，双凹。花期 6~8 月，果期 7~9 月。

扛板归 *Persicaria perfoliata*

蓼科 Polygonaceae   蓼属 *Persicaria*

茎攀缘，多分枝，长1~2m，具纵棱，沿棱具稀疏的倒生皮刺。叶三角形，长3~7cm，宽2~5cm，上面无毛，下面沿叶脉疏生皮刺；叶柄与叶片近等长，具倒生皮刺，盾状着生于叶片近基部。总状花序呈短穗状，顶生或腋生，长1~3cm。瘦果球形。花期6~8月，果期7~10月。

酸模 *Rumex acetosa*

蓼科 Polygonaceae   酸模属 *Rumex*

根为须根。茎直立，高 40~100cm，具深沟槽，通常不分枝。基生叶和茎下部叶箭形，长 3~12cm，宽 2~4cm，顶端急尖或圆钝，基部裂片急尖，全缘或微波状；叶柄长 2~10cm。花序狭圆锥状，顶生，分枝稀疏。瘦果椭圆形，具 3 锐棱，两端尖。花期 5~7 月，果期 6~8 月。

皱叶酸模　*Rumex crispus*

蓼科 Polygonaceae　　酸模属 *Rumex*

根粗壮，黄褐色。茎直立，高 50~120cm，不分枝或上部分枝，具浅沟槽。基生叶披针形或狭披针形，长 10~25cm，宽 2~5cm，顶端急尖，基部楔形，边缘皱波状；茎生叶较小，狭披针形；叶柄长 3~10cm；托叶鞘膜质，易破裂。花序狭圆锥状，花序分枝近直立或上升；花两性，淡绿色；花梗细，中下部关节果时稍膨大。瘦果卵形，顶端急尖，具 3 锐棱。花期 5~6 月，果期 6~7 月。

巴天酸模 *Rumex patientia*

蓼科 Polygonaceae　　酸模属 *Rumex*

根肥厚，直径可达 3cm。茎直立，粗壮，高 90~150cm，上部分枝，具深沟槽。基生叶长圆形或长圆状披针形，长 15~30cm，宽 5~10cm，顶端急尖，基部圆形或近心形，边缘波状；叶柄粗壮，长 5~15cm；茎上部叶披针形，较小，具短叶柄或近无柄；托叶鞘筒状，膜质，长 2~4cm，易破裂。花序圆锥状，花梗中下部具关节。瘦果卵形，具 3 锐棱。花期 5~6 月，果期 6~7 月。

羊蹄　*Rumex japonicus*

蓼科 Polygonaceae　　酸模属 *Rumex*

茎直立，高50~100cm，上部分枝，具沟槽。基生叶长圆形或披针状长圆形，长8~25cm，宽3~10cm，顶端急尖，基部圆形或心形；叶柄长2~12cm；托叶鞘膜质，易破裂。花序圆锥状，花两性，多花轮生；花梗中下部具关节。瘦果宽卵形，具3锐棱。花期5~6月，果期6~7月。

地黄 *Rehmannia glutinosa*

列当科 Orobanchaceae　　地黄属 *Rehmannia*

高 10~30cm，密被灰白色多细胞长柔毛和腺毛。根茎肉质，鲜时黄色。茎紫红色。叶通常在茎基部集成莲座状，向上则缩小成苞片，或逐渐缩小而在茎上互生；叶卵形至长椭圆形，上面绿色，下面略带紫色或成紫红色，边缘具不规则圆齿或钝锯齿。花冠长 3~4.5cm，花冠筒多少弓曲，裂片5，外面紫红色，内面黄紫色，两面均被长柔毛。蒴果卵形至长卵形。花果期 4~7 月。

红纹马先蒿 *Pedicularis striata*

列当科 Orobanchaceae　　马先蒿属 *Pedicularis*

高达 1m，直立，干时不变黑。根粗壮，有分枝。茎单出，或在下部分枝。叶互生，基生者成丛，叶片均为披针形，长达 10cm，宽 3~4cm，羽状深裂至全裂。花序穗状，花冠黄色，具绛红色的脉纹。蒴果卵圆形，两室相等；种子极小，黑色。花期 6~7 月，果期 7~8 月。

马齿苋 *Portulaca oleracea*

马齿苋科 Portulacaceae　　马齿苋属 *Portulaca*

全株无毛。茎平卧或斜倚，伏地铺散，多分枝，圆柱形，长 10~15cm。叶互生，肥厚，倒卵形，似马齿状，上面暗绿色，下面淡绿色或带暗红色，中脉微隆起。花无梗，花瓣黄色。种子细小，多数，黑褐色，有光泽，直径不及 1mm，具小疣状突起。花期 5~8 月，果期 6~9 月。

假水生龙胆 *Gentiana pseudoaquatica*

龙胆科 Gentianaceae　　龙胆属 *Gentiana*

高 3~5cm。茎紫红色或黄绿色，密被乳突，自基部多分枝。叶先端钝圆或急尖，边缘软骨质，具极细乳突；基生叶大，茎生叶疏离或密集，叶柄边缘具乳突。花多数，单生于小枝顶端；花梗紫红色或黄绿色。蒴果外裸，倒卵状矩圆形；种子褐色，椭圆形，长 1~1.2mm，表面具明显的细网纹。花果期 4~8 月。

笔龙胆 *Gentiana zollingeri*

龙胆科 Gentianaceae   龙胆属 *Gentiana*

高 3~6cm。茎直立，紫红色，光滑，从基部起分枝。叶卵圆形或卵圆状匙形，长 10~13mm，宽 3~8mm，中脉在下面呈脊状突起；基生叶在花期不枯萎，与茎生叶相似而较小；茎生叶常密集。花单生枝顶，花枝密集成伞房状；花冠淡蓝色，外面具黄绿色宽条纹。蒴果倒卵状矩圆形；种子褐色，椭圆形，长 0.3~0.4mm，表面具细网纹。花果期 4~6 月。

老鹳草 *Geranium wilfordii*

牻牛儿苗科 Geraniaceae　　老鹳草属 *Geranium*

高 30~50cm。根茎直生，具簇生纤维状细长须根。茎直立，单生，具棱槽，假二叉状分枝，被倒向短柔毛。基生叶和茎下部叶具长柄，基生叶长 3~5cm，宽 4~9cm，表面被短伏毛，背面沿脉被短糙毛。花瓣白色或淡红色，倒卵形，与萼片近等长。蒴果被短柔毛和长糙毛。花期 6~8 月，果期 8~9 月。

鼠掌老鹳草 *Geranium sibiricum*

牻牛儿苗科 Geraniaceae　　老鹳草属 *Geranium*

高 30~70cm。根为直根。茎纤细，仰卧或近直立，多分枝，具棱槽。叶对生，托叶披针形，棕褐色；基生叶和茎下部叶具长柄。总花梗丝状，单生于叶腋，长于叶，被倒向柔毛或伏毛；花瓣倒卵形，淡紫色或白色。蒴果被疏柔毛，果梗下垂；种子肾状椭圆形，黑色。花期 6~7 月，果期 8~9 月。

<ruby>牻<rt>máng</rt></ruby>牛儿苗　*Erodium stephanianum*

牻牛儿苗科 Geraniaceae　　牻牛儿苗属 *Erodium*

高 15~50cm。根为直根，较粗壮，少分枝。茎多数，仰卧或蔓生，具节，被柔毛。叶对生，托叶三角状披针形，分离，被疏柔毛，边缘具缘毛；基生叶和茎下部叶具长柄。伞形花序腋生，明显长于叶，总花梗被开展长柔毛和倒向短柔毛。蒴果密被短糙毛；种子褐色，具斑点。花期 6~8 月，果期 8~9 月。

白头翁 *Pulsatilla chinensis*

毛茛科 Ranunculaceae   白头翁属 *Pulsatilla*

植株高 15~35cm。根状茎粗 0.8~1.5cm。基生叶 4~5，与花同期生；叶片宽卵形，长 4.5~14cm，宽 6.5~16cm，三全裂，中全裂片有柄或近无柄，宽卵形，三深裂，中深裂片楔状倒卵形，少有狭楔形或倒梯形，全缘或有齿，表面变无毛，背面有长柔毛；叶柄长 7~15cm，密被长柔毛。花梗长 2.5~5.5cm，花直立；萼片蓝紫色。聚合果直径 9~12cm；瘦果纺锤形，扁，长 3.5~4mm，有长柔毛。花期 4~5 月。

细叶白头翁 *Pulsatilla turczaninowii*

毛茛科 Ranunculaceae　　白头翁属 *Pulsatilla*

植株高 15~25cm。基生叶 4~5，三回羽状复叶；叶片狭椭圆形；叶柄长 5~8cm，有柔毛。花葶有柔毛；总苞钟形，长 2.8~3.4cm，筒长 5~6mm；花梗长约 1.5cm，结果时长达 15cm；花直立，萼片蓝紫色，卵状长圆形或椭圆形，长 2.2~4.2cm，宽 1~1.3cm，顶端微尖或钝，背面有长柔毛。聚合果直径约 5cm；瘦果纺锤形，长约 4mm，密被长柔毛。花期 5 月。

翠雀 *Delphinium grandiflorum*

毛茛科 Ranunculaceae　　翠雀属 *Delphinium*

　　茎高 35~65cm，与叶柄均被反曲而贴伏的短柔毛，上部有时变无毛，等距地生叶、分枝。基生叶和茎下部叶有长柄；叶片圆五角形，长 2.2~6cm，宽 4~8.5cm，三全裂，中央全裂片近菱形；叶柄长为叶片的 3~4 倍，基部具短鞘。总状花序有 3~15 花，花梗长 1.5~3.8cm，与花序轴均密被贴伏的白色短柔毛。种子倒卵状四面体形，长约 2mm，沿棱有翅。花期 5~10 月。

楼斗菜 *Aquilegia viridiflora*

毛茛科 Ranunculaceae 楼斗菜属 *Aquilegia*

　　根肥大，圆柱形，外皮黑褐色。茎高 15~50cm，常在上部分枝，除被柔毛外还密被腺毛。基生叶少数，二回三出复叶；茎生叶数枚，为一至二回三出复叶，向上渐变小。花 3~7 朵，倾斜或微下垂。种子黑色，狭倒卵形，长约 2mm，具微凸起的纵棱。花期 5~7 月，果期 7~8 月。

紫花楼斗菜 *Aquilegia viridiflora* var. *atropurpurea*

毛茛科 Ranunculaceae   楼斗菜属 *Aquilegia*

根肥大，圆柱形，外皮黑褐色。茎高 15~50cm，常在上部分枝，除被柔毛外还密被腺毛。基生叶少数，二回三出复叶；叶片宽 4~10cm；茎生叶数枚。花 3~7 朵，倾斜或微下垂；苞片三全裂；花梗长 2~7cm；萼片黄绿色，长椭圆状卵形，顶端微钝，疏被柔毛。种子黑色，狭倒卵形，长约2mm，具微凸起的纵棱。花期 5~7 月，果期 7~8 月。

毛茛 (gèn) *Ranunculus japonicus*

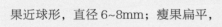

毛茛科 Ranunculaceae　　毛茛属 *Ranunculus*

须根多数簇生。茎直立，高 30~70cm，中空，有槽，具分枝。基生叶多数；叶片圆心形或五角形，基部心形或截形，通常 3 深裂不达基部；叶柄长达 15cm，生开展柔毛。聚伞花序有多数花，疏散；萼片 5；花瓣 5。聚合果近球形，直径 6~8mm；瘦果扁平，无毛。花果期 4~9 月。

茴茴蒜　*Ranunculus chinensis*

毛茛科 Ranunculaceae　　毛茛属 *Ranunculus*

须根多数簇生。茎直立粗壮，高 20~70cm，直径在 5mm 以上，中空，有纵条纹。基生叶与下部叶有长达 12cm 的叶柄，为三出复叶，叶片宽卵形至三角形，长 3~8（~12）cm，小叶 2~3 深裂，花序有较多疏生的花，花梗贴生糙毛；花瓣黄色或上面白色。聚合果长圆形；瘦果扁平，呈点状。花果期 5~9 月。

石龙芮 *Ranunculus sceleratus*
<small>rui</small>

毛茛科 Ranunculaceae　　毛茛属 *Ranunculus*

　　须根簇生。茎直立，高 10~50cm，直径 2~5mm。基生叶多数，叶片肾状圆形；茎生叶多数，下部叶与基生叶相似，上部叶较小。聚伞花序有多数花，花瓣 5，蜜槽呈棱状。聚合果长圆形，长 8~12mm，为宽的 2~3 倍；瘦果极多数，近百枚，紧密排列，倒卵球形，稍扁，长 1~1.2mm，无毛，喙短至近无。花果期 5~8 月。

丝叶唐松草 *Thalictrum foeniculaceum*

毛茛科 Ranunculaceae　　唐松草属 *Thalictrum*

植株全部无毛。茎高 11~78cm，上部分枝或不分枝。基生叶 2~6，长 5~18cm，为二至四回三出复叶；叶片长 2.5~10cm；小叶薄革质，钻状狭线形或狭线形，长 0.6~3cm，宽 0.5~1.5mm，顶端尖，边缘常反卷，中脉隆起；叶柄长 1.5~9cm，基部有短鞘；茎生叶 2~4，似基生叶。聚伞花序伞房状。瘦果纺锤形，有 8~10 条纵肋。花期 6~7 月。

瓣蕊唐松草 *Thalictrum petaloideum*

毛茛科 Ranunculaceae　　唐松草属 *Thalictrum*

植株全部无毛。茎高 20~80cm，上部分枝。基生叶数个，有短或稍长柄，为三至四回三出或羽状复叶；叶片菱形或近圆形，先端钝，基部圆楔形或楔形，三浅裂至三深裂，裂片全缘；叶脉平，脉网不明显；叶柄长达 10cm，基部有鞘。花序伞房状，雄蕊多数，花药狭长圆形，花丝上部倒披针形，下部丝状。瘦果卵形，长 4~6mm，有 8 条纵肋，宿存花柱长约1mm。花期 6~7 月。

棉团铁线莲 *Clematis hexapetala*

毛茛科 Ranunculaceae　　铁线莲属 *Clematis*

直立草本，高达 1m。茎疏生柔毛，后变无毛。叶片单叶至复叶，一至二回羽状深裂，裂片线状披针形、长椭圆状披针形至椭圆形或线形，长 1.5~10cm，宽 0.1~2cm，全缘，两面或沿叶脉疏生长柔毛或近无毛，网脉突出。花序顶生，聚伞花序或总状、圆锥状；萼片白色。瘦果倒卵形。花期 6~8月，果期 7~10月。

两色乌头　*Aconitum alboviolaceum*

毛茛科 Ranunculaceae　　**乌头属 *Aconitum***

根圆柱形，长 10~15cm。茎缠绕，长 1~2.5m，疏被反曲的短柔毛或变无毛。基生叶 1 枚，与茎下部叶具长柄，茎上部叶变小，具较短柄；叶片五角状肾形，长 6.5~9.5（~18）cm，宽 9.5~17（~25）cm，基部心形。总状花序长 6~14cm。具 3~8 朵花，萼片淡紫色或近白色，花瓣无毛。种子倒圆锥状三角形，生横狭翅。花期 8~9 月。

高乌头 *Aconitum sinomontanum*

毛茛科 Ranunculaceae　　乌头属 *Aconitum*

　　根圆柱形，长达 20cm，粗达 2cm。茎高（60~）95~
150cm，中部以下几无毛，上部近花序处被反曲的短柔毛，
生 4~6 枚叶，不分枝或分枝。基生叶 1 枚，与茎下部叶具
长柄；叶片肾形或圆肾形。总状花序具密集的花；萼片蓝紫
色或淡紫色。种子倒卵形，具 3 条棱，密生横狭翅。花期
6~9 月。

北乌头　*Aconitum kusnezoffii*

毛茛科 Ranunculaceae　　乌头属 *Aconitum*

　　块根圆锥形或胡萝卜形，长 2.5~5cm，粗 7~10cm。茎高（65~）80~150cm，无毛，等距离生叶。茎下部叶有长柄，叶片五角形，长 9~16cm，宽 10~20cm，基部心形，三全裂，中央全裂片菱形；叶柄长为叶片的 1/3~2/3，无毛。顶生总状花序具 9~22 朵花；萼片紫蓝色。种子扁椭圆球形，沿棱具狭翅，只在一面生横膜翅。花期 7~9 月。

茜草 *Rubia cordifolia*

qiàn

茜草科 Rubiaceae　　茜草属 *Rubia*

草质攀缘藤木，长通常 1.5~3.5m。根状茎和其节上的须根均红色。茎多条，从根状茎的节上发出，细长，方柱形，有4棱，棱上具倒生皮刺，中部以上多分枝。叶通常4片轮生，叶柄有倒生皮刺。聚伞花序腋生和顶生，花冠淡黄色。果球形，成熟时橘黄色。花期8~9月，果期10~11月。

中国茜草 *Rubia chinensis*

茜草科 Rubiaceae　　茜草属 *Rubia*

高 30~60cm，具有发达的紫红色须根。茎通常数条丛生，较少单生，不分枝或少分枝，具 4 直棱，棱上被上向钩状毛。叶 4 片轮生，上面近无毛或基出脉上被短硬毛，下面被白色柔毛。聚伞花序排成圆锥花序式，花冠白色，干后变黄色。浆果近球形，黑色。花期 5~7 月，果期 9~10 月。

地榆 *Sanguisorba officinalis*

蔷薇科 Rosaceae　　地榆属 *Sanguisorba*

高 30~120cm。根粗壮，多呈纺锤形，稀圆柱形，表面棕褐色或紫褐色，有纵皱及横裂纹，横切面黄白或紫红色。茎直立，有棱。基生叶为羽状复叶，有小叶 4~6 对，叶柄无毛或基部有稀疏腺毛；基生叶托叶膜质，褐色；茎生叶托叶大，草质，外侧边缘有尖锐锯齿。穗状花序椭圆形、圆柱形或卵球形，直立；萼片 4，紫红色。果实包藏在宿存萼筒内，外面有 4 棱。花果期 7~10 月。

龙牙草 *Agrimonia pilosa*

蔷薇科 Rosaceae　　龙牙草属 *Agrimonia*

　　根多呈块茎状，周围长出若干侧根；根茎短，基部常有一至数个地下芽。茎高 30~120cm，被疏柔毛及短柔毛。叶为间断奇数羽状复叶，通常有小叶 3~4 对。花序穗状，总状顶生，分枝或不分枝，花序轴被柔毛；花梗长 1~5mm，被柔毛。果实倒卵圆锥形，外面有 10 条肋。花果期 5~12 月。

蛇莓　*Duchesnea indica*

蔷薇科 Rosaceae　　蛇莓属 *Duchesnea*

根茎短，粗壮；匍匐茎多数，长 30~100cm，有柔毛。小叶片倒卵形至菱状长圆形，长 2~3.5（~5）cm，宽 1~3cm，先端圆钝，边缘有钝锯齿，两面皆有柔毛，或上面无毛，具小叶柄。花单生于叶腋，花瓣倒卵形，黄色。瘦果卵形。花期 6~8 月，果期 8~10 月。

委陵菜 *Potentilla chinensis*

蔷薇科 Rosaceae　　委陵菜属 *Potentilla*

根粗壮，圆柱形。花茎直立或上升，高 20~70cm。基生叶为羽状复叶，有小叶 5~15 对，叶柄被短柔毛及绢状长柔毛，上面绿色，被短柔毛或脱落几无毛，中脉下陷，下面被白色茸毛，沿脉被白色绢状长柔毛。伞房状聚伞花序，花瓣黄色，宽倒卵形，顶端微凹，比萼片稍长。瘦果卵球形，深褐色，有明显皱纹。花果期 4~10 月。

翻白草 *Potentilla discolor*

蔷薇科 Rosaceae　　委陵菜属 *Potentilla*

根粗壮，下部常肥厚呈纺锤形。花茎直立，上升或微铺散，高 10~45cm，密被白色绵毛。基生叶有小叶 2~4 对，小叶对生或互生，无柄，边缘具圆钝锯齿，上面暗绿色，被稀疏白色绵毛或脱落几无毛，下面密被白色或灰白色绵毛，脉不显或微显。聚伞花序，花瓣黄色，倒卵形，顶端微凹或圆钝，比萼片长。瘦果近肾形。花果期 5~9 月。

朝天委陵菜　*Potentilla supina*

菩薇科 Rosaceae　　委陵菜属 *Potentilla*

　　茎平展，上升或直立，长 20~50cm，被疏柔毛或脱落几无毛。基生叶羽状复叶，有小叶 2~5 对，叶柄被疏柔毛或脱落几无毛；小叶互生或对生，无柄；基生叶托叶膜质，褐色，外面被疏柔毛或几无毛；茎生叶托叶草质，绿色，全缘，有齿或分裂。花直径 0.6~0.8cm，花瓣黄色，倒卵形，顶端微凹。瘦果长圆形。花果期 3~10 月。

曼陀罗 *Datura stramonium*

茄科 Solanaceae　　曼陀罗属 *Datura*

高 0.5~1.5m。茎粗壮，圆柱状。叶广卵形，顶端渐尖，基部不对称楔形，边缘有不规则波状浅裂。花冠漏斗状，下半部带绿色，上部白色或淡紫色。蒴果直立生，卵状，表面生有坚硬针刺或有时无刺而近平滑；种子卵圆形，黑色。花期 6~10 月，果期 7~11 月。

龙葵 *Solanum nigrum*

茄科 Solanaceae　　茄属 *Solanum*

高 0.25~1m。茎无棱或棱不明显，绿色或紫色。叶卵形，长 2.5~10cm，宽 1.5~5.5cm，先端短尖，基部楔形至阔楔形而下延至叶柄，全缘或每边具不规则的波状粗齿，光滑或两面均被稀疏短柔毛。蝎尾状花序腋外生，由 3~6（~10）花组成，花冠白色，筒部隐于萼内。浆果球形，熟时黑色；种子多数，近卵形。花期 5~8 月，果期 7~11 月。

异叶败酱 *Patrinia heterophylla*

忍冬科 Caprifoliaceae   败酱属 *Patrinia*

高（15~）30~80（~100）cm。根状茎较长，横走。茎直立，被倒生微糙伏毛。基生叶丛生，长3~8cm，具长柄，叶片边缘圆齿状或具糙齿状缺刻，不分裂或羽状分裂至全裂。顶生伞房状聚伞花序，被短糙毛或微糙毛。花期7~9月，果期8~10月。

北柴胡 *Bupleurum chinense*

伞形科 Apiaceae　　柴胡属 *Bupleurum*

高 50~85cm。主根较粗大，棕褐色，质坚硬。茎单一或数茎，表面有细纵槽纹，实心，上部多回分枝，微作"之"字形曲折。基生叶倒披针形或狭椭圆形，顶端渐尖，基部收缩成柄，早枯落；茎中部叶倒披针形或广线状披针形，基部收缩成叶鞘抱茎，叶表面鲜绿色，背面淡绿色，常有白霜。复伞形花序多；花序梗细，常水平伸出，形成疏松的圆锥状；花瓣鲜黄色。花期 9 月，果期 10 月。

黑柴胡 *Bupleurum smithii*

伞形科 Apiaceae   柴胡属 *Bupleurum*

高 25~60cm，根黑褐色，质松，多分枝。植株变异较大。数茎直立或斜升，粗壮，有显著的纵槽纹，上部有时有少数短分枝。叶多，质较厚，基部叶丛生，狭长圆形、长圆状披针形或倒披针形，长 10~20cm，宽 1~2cm；中部的茎生叶狭长圆形或倒披针形，基部抱茎。小总苞片 6~9，黄绿色；小伞形花序直径 1~2cm，花瓣黄色，有时背面带淡紫红色。果棕色，卵形。花期 7~8 月，果期 8~9 月。

白芷 ^{zhǐ} *Angelica dahurica*

伞形科 Apiaceae   当归属 *Angelica*

高 1~2.5m。根圆柱形，有分枝，径 3~5cm，外表皮黄褐色至褐色，有浓烈气味。茎基部径 2~5cm，基生叶一回羽状分裂，有长柄，叶柄下部有管状抱茎边缘膜质的叶鞘。复伞形花序顶生或侧生，总苞片通常缺或有 1~2，花白色，花瓣倒卵形。果实长圆形至卵圆形，棱槽中有油管 1，合生面油管 2。花期 7~8 月，果期 8~9 月。

毒芹 *Cicuta virosa*

伞形科 Apiaceae　　毒芹属 *Cicuta*

　　高 70~100cm。主根短缩，支根多数，肉质或纤维状；根状茎有节，内有横隔膜，褐色。茎单生，直立，圆筒形，中空，有条纹，基生叶柄长 15~30cm，叶鞘膜质，抱茎。复伞形花序顶生或腋生，花序梗长 2.5~10cm，无毛；总苞片通常无或有 1 线形的苞片。花果期 7~8 月。

窃衣 *Torilis scabra*

伞形科 Apiaceae 窃衣属 *Torilis*

植株高达 70cm，全株被平伏硬毛。茎上部分枝。叶卵形，一至二回羽状分裂，边缘有条裂状粗齿或缺刻。总苞片通常无，很少有 1 钻形或线形的苞片；伞辐 2~4，长 1~5cm，粗壮，有纵棱及向上紧贴的粗毛。果实长圆形。花果期 4~11 月。

蛇床　*Cnidium monnieri*

伞形科 Apiaceae　　蛇床属 *Cnidium*

高 10~60cm。根圆锥状，较细长。茎直立或斜上，多分枝，中空，表面具深条棱。下部叶具短柄，叶鞘短宽，边缘膜质，上部叶柄全部鞘状；叶片轮廓卵形至三角状卵形，长 3~8cm，宽 2~5cm，二至三回三出式羽状全裂。复伞形花序直径 2~3cm；花瓣白色，先端具内折小舌片。花期 4~7 月，果期 6~10 月。

商陆 *Phytolacca acinosa*

商陆科 Phytolaccaceae　　商陆属 *Phytolacca*

高 0.5~1.5m，全株无毛。根倒圆锥形。茎直立，圆柱形，有纵沟，肉质，绿色或红紫色，多分枝。叶片两面散生细小白色斑点（针晶体）。总状花序顶生或与叶对生，圆柱状，直立；花序梗长 1~4cm。浆果扁球形；种子肾形，黑色，具 3 棱。花期 5~8 月，果期 6~10 月。

垂序商陆 *Phytolacca americana*

商陆科 Phytolaccaceae　　商陆属 *Phytolacca*

高 1~2m。根粗壮，肥大，倒圆锥形。茎直立，圆柱形，有时带紫红色。叶片椭圆状卵形或卵状披针形，长 9~18cm，宽 5~10cm，顶端急尖，基部楔形。总状花序顶生或侧生，长 5~20cm；花梗长 6~8mm；花白色，微带红晕，直径约 6mm。浆果扁球形，熟时紫黑色；种子肾圆形，直径约 3mm。花期 6~8 月，果期 8~10 月。

播娘蒿 *Descurainia sophia*

十字花科 Brassicaceae   播娘蒿属 *Descurainia*

　　高 20~80cm。茎直立，分枝多，常于下部呈淡紫色。叶为三回羽状深裂，长 2~12（~15）cm，末端裂片条形或长圆形，下部叶具柄，上部叶无柄。花序伞房状，果期伸长；花瓣黄色，长圆状倒卵形，长 2~2.5mm，具爪。长角果圆筒状，长 2.5~3cm，宽约 1mm，无毛，稍内曲，与果梗不成一条直线，果瓣中脉明显；种子每室 1 行，种子形小，多数，长圆形，表面有细网纹。花期 4~5 月。

垂果南芥 ^{jiè} *Catolobus pendulus*

十字花科 Brassicaceae　　垂果南芥属 *Catolobus*

　　高 30~150cm，全株被硬单毛，杂有 2~3 叉毛。主根圆锥状，黄白色。茎直立，上部有分枝。茎下部的叶长椭圆形至倒卵形，长 3~10cm，宽 1.5~3cm；茎上部的叶狭长椭圆形至披针形，抱茎，上面黄绿色至绿色。总状花序顶生或腋生，花瓣白色、匙形。长角果线形；种子每室 1 行，边缘有环状的翅。花期 6~9 月，果期 7~10 月。

垂果大蒜芥 *Sisymbrium heteromallum*

十字花科 Brassicaceae　　大蒜芥属 *Sisymbrium*

高 30~90cm。茎直立，不分枝或分枝，具疏毛。基生叶为羽状深裂或全裂，叶柄长 2~5cm；上部的叶无柄，叶片羽状浅裂，裂片披针形或宽条形。总状花序密集成伞房状，花梗长 3~10mm，花瓣黄色，长圆形，具爪。长角果线形，果瓣略隆起；种子长圆形，黄棕色。花期 4~5 月。

独行菜 *Lepidium apetalum*

十字花科 Brassicaceae　　独行菜属 *Lepidium*

高 30cm。茎直立，有分枝，被头状腺毛。基生叶窄匙形，一回羽状浅裂或深裂，长 3~5cm，叶柄长 1~2cm；茎生叶向上渐由窄披针形至线形，有疏齿或全缘，疏被头状腺毛。总状花序；花瓣无或退化成丝状，短于萼片；雄蕊 2 或 4。短角果近圆形或宽椭圆形，顶端微凹，有窄翅；果柄弧形；种子椭圆形，红棕色。花期 4~8 月，果期 5~9 月。

密花独行菜 *Lepidium densiflorum*

十字花科 Brassicaceae　　独行菜属 *Lepidium*

高 10~30cm。茎单一，直立，上部分枝，具疏生柱状短柔毛。基生叶长圆形或椭圆形，顶端急尖，基部渐狭，羽状分裂，边缘有不规则深锯齿；茎下部及中部叶长圆披针形或线形，边缘有不规则缺刻状尖锯齿，有短叶柄，所有叶上面无毛，下面有短柔毛。总状花序有多数密生花，果期伸长。短角果圆状倒卵形。花期 5~6 月，果期 6~7 月。

荠 *Capsella bursa-pastoris*

十字花科 Brassicaceae　　荠属 *Capsella*

高（7~）10~50cm，无毛、有单毛或分叉毛。茎直立，单一或从下部分枝。基生叶丛生，呈莲座状，大头羽状分裂，长可达 12cm，宽可达 2.5cm；茎生叶窄披针形或披针形，长 5~6.5mm，宽 2~15mm，基部箭形，抱茎，边缘有缺刻或锯齿。总状花序顶生及腋生，花瓣白色，卵形，长 2~3mm，有短爪。短角果倒三角形或倒心状三角形；种子浅褐色。花果期 4~6 月。

碎米荠 *Cardamine occulta*

十字花科 Brassicaceae　碎米荠属 *Cardamine*

高 15~35cm。茎直立或斜升，分枝或不分枝。基生叶具叶柄，有小叶 2~5 对；茎生叶具短柄，有小叶 3~6 对；全部小叶两面稍有毛。总状花序生于枝顶，花瓣白色，柱头扁球形。长角果线形；种子椭圆形，顶端有的具明显的翅。花期 2~4 月，果期 4~6 月。

白花碎米荠 *Cardamine leucantha*

十字花科 Brassicaceae 　　碎米荠属 *Cardamine*

高 30~75cm。根状茎短而匍匐。茎单一，不分枝，有时上部有少数分枝，表面有沟棱、密被短绵毛或柔毛。基生叶有长叶柄，小叶 2~3 对，顶生小叶卵形至长卵状披针形，全部小叶两面均有柔毛，尤以下面较多。总状花序顶生，分枝或不分枝，花后伸长；花瓣白色。长角果线形；种子长圆形。花期 4~7 月，果期 6~8 月。

糖芥 *Erysimum amurense*

十字花科 Brassicaceae　　糖芥属 *Erysimum*

高 30~60cm，密生伏贴 2 叉毛；茎直立，不分枝或上部分枝，具棱角。叶披针形或长圆状线形，基生叶长 5~15cm，宽 5~20mm，顶端急尖，基部渐狭，全缘，两面有 2 叉毛；上部叶有短柄或无柄，基部近抱茎，边缘有波状齿或近全缘。总状花序顶生，花瓣橘黄色或黄色。长角果线形，长 4.5~8.5cm，宽约 1mm；果梗长 5~7mm；种子每室 1 行，长圆形。花期 6~8 月，果期 7~9 月。

葶苈 *Draba nemorosa*

tíng lì

十字花科 Brassicaceae　　葶苈属 *Draba*

茎直立，高5~45cm，单一或分枝，下部密生单毛、叉状毛和星状毛，上部渐稀至无毛。基生叶长倒卵形；茎生叶无柄，上面被单毛和叉状毛，下面以星状毛为多。总状花序有花25~90朵，密集成伞房状，花瓣黄色，花期后成白色，倒楔形。短角果长圆形或长椭圆形；种子椭圆形，褐色，种皮有小疣。花期3~4月，果期5~6月。

诸葛菜 *Orychophragmus violaceus*

十字花科 Brassicaceae　　诸葛菜属 *Orychophragmus*

高 10~50cm，无毛。茎单一，直立，基部或上部稍有分枝，浅绿色或带紫色。基生叶及下部茎生叶大头羽状全裂，叶柄长 2~4cm，疏生细柔毛；上部叶长圆形或窄卵形，长 4~9cm，顶端急尖，基部耳状，抱茎。花紫色、浅红色或褪成白色。种子卵形至长圆形，有纵条纹。花期 4~5 月，果期 5~6 月。

茖葱 *Allium ochotense*
gè

石蒜科 Amaryllidaceae   葱属 *Allium*

　　鳞茎单生或 2~3 枚聚生，近圆柱状；鳞茎外皮灰褐色至黑褐色，破裂成纤维状，呈明显的网状。叶 2~3 枚，倒披针状椭圆形至椭圆形，长 8~20cm，宽 3~9.5cm，基部楔形，沿叶柄稍下延，先端渐尖或短尖。伞形花序球状，具多而密集的花；小花梗近等长，果期伸长，基部无小苞片；花白色或带绿色，极稀带红色。花果期 6~8 月。

薤白 *Allium macrostemon*

xiè

石蒜科 Amaryllidaceae　　葱属 *Allium*

鳞茎近球状，粗 0.7~1.5（~2）cm，基部常具小鳞茎（因其易脱落故在标本上不常见）；鳞茎外皮带黑色，纸质或膜质，不破裂。叶 3~5 枚，半圆柱状，或因背部纵棱发达而为三棱状半圆柱形，中空，上面具沟槽，比花葶短。伞形花序半球状至球状，具多而密集的花，或间具珠芽或有时全为珠芽；花柱伸出花被外。花果期 5~7 月。

山韭 *Allium senescens*

石蒜科 Amaryllidaceae 葱属 *Allium*

具粗壮的横生根状茎。鳞茎单生或数枚聚生，近狭卵状圆柱形或近圆锥状，粗 0.5~2（~2.5）cm；鳞茎外皮灰黑色至黑色，膜质，不破裂，内皮白色，有时带红色。叶狭条形至宽条形，基部近半圆柱状。花葶圆柱状，常具 2 纵棱；总苞 2 裂，宿存；伞形花序半球状至近球状，具多而稍密集的花；花紫红色至淡紫色；花柱伸出花被外。花果期 7~9 月。

鹅肠菜　*Stellaria aquatica*

石竹科 Caryophyllaceae　　繁缕属 *Stellaria*

具须根。茎上升，多分枝，长 50~80cm，上部被腺毛。叶片卵形或宽卵形，顶端急尖，基部稍心形。顶生二歧聚伞花序；苞片叶状，边缘具腺毛；花梗细，长 1~2cm，花后伸长并向下弯，密被腺毛；花瓣白色。蒴果卵圆形；种子近肾形，褐色，具小疣。花期 5~8 月，果期 6~9 月。

繁缕 *Stellaria media*

石竹科 Caryophyllaceae　　繁缕属 *Stellaria*

高 10~30cm。茎俯仰或上升，基部多少分枝，常带淡紫红色，被 1~2 列毛。叶片宽卵形或卵形，长 1.5~2.5cm，宽 1~1.5cm，全缘；基生叶具长柄，上部叶常无柄或具短柄。疏聚伞花序顶生；花梗具 1 列短毛，花瓣白色，长椭圆形，比萼片短。蒴果卵形；种子卵圆形至近圆形，红褐色，表面具半球形瘤状突起。花期 6~7 月，果期 7~8 月。

卷耳 *Cerastium arvense* subsp. *strictum*

石竹科 Caryophyllaceae　　卷耳属 *Cerastium*

高 10~35cm。茎基部匍匐，上部直立，绿色并带淡紫红色，下部被下向的毛，上部混生腺毛。叶片线状披针形或长圆状披针形，长 1~2.5cm，宽 1.5~4mm，基部楔形，抱茎。聚伞花序顶生，具 3~7 花；苞片披针形，草质，被柔毛，边缘膜质；花瓣白色，倒卵形。蒴果长圆形；种子肾形，褐色，具瘤状突起。花期 5~8 月，果期 7~9 月。

石竹 *Dianthus chinensis*

石竹科 Caryophyllaceae 石竹属 *Dianthus*

高 30~50cm，全株无毛，带粉绿色。茎由根颈生出，直立。叶片线状披针形，长 3~5cm，宽 2~4mm，顶端渐尖，基部稍狭，全缘或有细小齿，中脉较显。花单生枝端或数花集成聚伞花序，花瓣倒卵状三角形，紫红色、粉红色、鲜红色或白色。蒴果圆筒形；种子黑色，扁圆形。花期 5~6 月，果期 7~9 月。

瞿麦 *Dianthus superbus*

^{qú}

石竹科 Caryophyllaceae　　石竹属 *Dianthus*

高 50~60cm，有时更高。茎丛生，直立，绿色，无毛。叶片线状披针形，长 5~10cm，宽 3~5mm，顶端锐尖，中脉特显，基部合生成鞘状。花 1 或 2 朵生枝端，花瓣通常淡红色或带紫色，喉部具丝毛状鳞片。蒴果圆筒形；种子扁卵圆形，黑色。花期 6~9 月，果期 8~10 月。

穿龙薯蓣 *Dioscorea nipponica*

薯蓣科 Dioscoreaceae　　薯蓣属 *Dioscorea*

　　缠绕草质藤本。根状茎横生，圆柱形，多分枝，栓皮层显著剥离。茎左旋，近无毛。单叶互生，叶柄长 10~20cm；叶片掌状心形，茎基部叶长 10~15cm，宽 9~13cm。雄花序为腋生的穗状花序。蒴果成熟后枯黄色，三棱形；种子每室 2 枚。花期 6~8 月，果期 8~10 月。

黄精 *Polygonatum sibiricum*

天门冬科 Asparagaceae　黄精属 *Polygonatum*

　　根状茎圆柱状，由于结节膨大，节间一头粗、一头细，粗头有短分枝，直径 1~2cm。茎高 50~90cm，或可达 1m 以上。叶轮生，每轮 4~6 枚，条状披针形，先端拳卷或弯曲成钩。花序通常具 2~4 朵花，似成伞形状；花被乳白或淡黄色，花被筒中部稍缢缩。浆果直径 7~10mm，黑色，具 4~7 颗种子。花期 5~6 月，果期 8~9 月。

热河黄精 *Polygonatum macropodum*

天门冬科 Asparagaceae   黄精属 *Polygonatum*

根状茎圆柱形，径 1~2cm。叶互生，卵形或卵状椭圆形，稀卵状长圆形，长 4~8（~10）cm，先端尖。花序具（3~）5~12（~17）花，近伞房状，花序梗长 3~5cm；花梗长 0.5~1.5cm；苞片无或极微小，位于花梗中部以下；花被白色或带红色，长 1.5~2cm，裂片长 4~5mm。浆果成熟时深蓝色，径 0.7~1.1cm，具 7~8 颗种子。

玉竹　*Polygonatum odoratum*

天门冬科 Asparagaceae　　黄精属 *Polygonatum*

根状茎圆柱形。茎高 20~50cm，具 7~12 叶。叶互生，椭圆形至卵状矩圆形，先端尖，下面带灰白色，下面脉上平滑至呈乳头状粗糙。花序具 1~4 花，花被黄绿色至白色，花被筒较直。浆果蓝黑色，具 7~9 颗种子。花期 5~6 月，果期 7~9 月。

小玉竹　*Polygonatum humile*

天门冬科 Asparagaceae　黄精属 *Polygonatum*

根状茎细圆柱形，直径 3~5mm。茎高 25~50cm，具 7~9（~11）叶。叶互生，椭圆形、长椭圆形或卵状椭圆形，长 5.5~8.5cm，先端尖至略钝，下面具短糙毛。花序通常仅具 1 花，花梗长 8~13mm，显著向下弯曲；花被白色，顶端带绿色。浆果蓝黑色，直径约 1cm，有 5~6 颗种子。

龙须菜 *Asparagus schoberioides*

天门冬科 Asparagaceae　　天门冬属 *Asparagus*

直立，高可达 1m。根细长，粗 2~3mm。茎上部和分枝具纵棱，分枝有时具极狭的翅。叶状枝通常每 3~4 枚成簇，窄条形，镰刀状，基部近锐三棱形，上部扁平，长 1~4cm，宽 0.7~1mm。花每 2~4 朵腋生，黄绿色。浆果直径约 6mm，熟时红色，通常有 1~2 颗种子。花期 5~6 月，果期 8~9 月。

曲枝天门冬 *Asparagus trichophyllus*

天门冬科 Asparagaceae　　天门冬属 *Asparagus*

近直立，高 60~100cm。根较细，粗 2~3mm。茎平滑，中部至上部强烈回折状，有时上部疏生软骨质齿。花每 2 朵腋生，绿黄色而稍带紫色；花梗长 12~16mm，关节位于近中部。浆果直径 6~7mm，熟时红色，有 3~5 颗种子。花期 5月，果期 7 月。

兴安天门冬 *Asparagus dauricus*

天门冬科 Asparagaceae　　　天门冬属 *Asparagus*

直立，高 30~70cm。根细长，粗约 2mm。茎和分枝有条纹，有时幼枝具软骨质齿。叶状枝每 1~6 枚成簇，通常全部斜立，与分枝成锐角，伸直或稍弧曲，有时有软骨质齿。鳞片状叶基部无刺。花每 2 朵腋生，黄绿色。浆果直径 6~7mm，有 2~4（~6）颗种子。花期 5~6 月，果期 7~9 月。

鹿药 *Maianthemum japonicum*

天门冬科 Asparagaceae　　舞鹤草属 *Maianthemum*

植株高30~60cm；根状茎横走，多少圆柱状，粗6~10mm，有时具膨大结节。茎中部以上或仅上部具粗伏毛，具4~9叶。叶卵状椭圆形、椭圆形或矩圆形，两面疏生粗毛或近无毛，具短柄。圆锥花序有毛，具10~20朵花；花单生，白色。浆果近球形。花期5~6月，果期8~9月。

舞鹤草　*Maianthemum bifolium*

天门冬科 Asparagaceae　　舞鹤草属 *Maianthemum*

根状茎细长，有时分叉，长可达 20cm 或更长，直径 1~2mm，节上有少数根，节间长 1~3cm。茎高 8~20（~25）cm，无毛或散生柔毛。基生叶有长达 10cm 的叶柄；茎生叶通常 2 枚，基部心形，下面脉上有柔毛或散生微柔毛。总状花序直立，有 10~25 朵白色花。种子卵圆形，有颗粒状皱纹。花期 5~7 月，果期 8~9 月。

独角莲 *Sauromatum giganteum*

天南星科 Araceae   斑龙芋属 *Sauromatum*

　　块茎倒卵形、卵球形或卵状椭圆形，大小不等，直径2~4cm，外被暗褐色小鳞片，有7~8条环状节，颈部周围生多条须根。叶与花序同时抽出。叶柄圆柱形，长约60cm，密生紫色斑点，中部以下具膜质叶鞘。肉穗花序几无梗，长达14cm。花期6~8月，果期7~9月。

弹刀子菜 *Mazus stachydifolius*
dàn

通泉草科 Mazaceae　　通泉草属 *Mazus*

高 10~50cm，粗壮，全体被多细胞白色长柔毛。根状茎短。茎直立，圆柱形，不分枝或在基部分 2~5 枝。基生叶匙形，有短柄；茎生叶对生，上部的常互生，无柄，边缘具不规则锯齿。总状花序顶生，花冠蓝紫色，雄蕊 4 枚，2 强，着生在花冠筒的近基部；子房上部被长硬毛。蒴果扁卵球形，长 2~3.5mm。花期 4~6 月，果期 7~9 月。

通泉草 *Mazus pumilus*

通泉草科 Mazaceae　　通泉草属 *Mazus*

高 3~30cm，无毛或疏生短柔毛。主根伸长，垂直向下或短缩；须根纤细，多数，散生或簇生。基生叶顶端全缘或有不明显的疏齿，基部楔形；茎生叶对生或互生，少数，与基生叶相似或几乎等大。总状花序生于茎枝顶端，花冠白色、紫色或蓝色。蒴果球形；种子小而多数，黄色，种皮上有不规则的网纹。花果期 4~10 月。

藜 *Chenopodium album*

苋科 Amaranthaceae 藜属 *Chenopodium*

高 30~150cm。茎直立，粗壮，具条棱及绿色或紫红色色条，多分枝；枝条斜升或开展。叶片菱状卵形至宽披针形，叶柄与叶片近等长，或为叶片长度的 1/2。花两性，常数个团集，于枝上部组成穗状或圆锥状花序。胞果果皮与种子贴生；种子横生，双凸镜状，直径 1.2~1.5mm，边缘钝，黑色，有光泽，表面具浅沟纹；胚环形。花果期 5~10 月。

小藜 *Chenopodium ficifolium*

苋科 Amaranthaceae　　藜属 *Chenopodium*

高 20~50cm。茎直立，具条棱及绿色色条。叶片卵状矩圆形，长 2.5~5cm，宽 1~3.5cm，通常三浅裂，各具 2 浅裂齿。花两性，数个团集，排列于上部的枝上形成较开展的顶生圆锥状花序。胞果包在花被内，果皮与种子贴生；种子双凸镜状，黑色。花果期 4~6 月。

牛膝 *Achyranthes bidentata*

苋科 Amaranthaceae　　牛膝属 *Achyranthes*

高 70~120cm。根圆柱形，直径 5~10mm，土黄色。茎有棱角或四方形，绿色或带紫色，有白色贴生或开展柔毛，或近无毛，分枝对生。叶片椭圆形或椭圆状披针形，两面有贴生或开展柔毛；叶柄长 5~30mm，有柔毛。穗状花序顶生及腋生，长 3~5cm，花期后反折。胞果黄褐色；种子矩圆形。花期 7~9 月，果期 9~10 月。

地肤 *Bassia scoparia*

苋科 Amaranthaceae 沙冰藜属 *Bassia*

高 50~100cm。根略呈纺锤形。茎直立，圆柱状，淡绿色或带紫红色，有多数条棱，稍有短柔毛或下部几无毛；分枝稀疏，斜上。叶为平面叶，披针形或条状披针形，无毛或稍有毛，通常有 3 条明显的主脉，边缘有疏生的锈色绢状缘毛。花被近球形，淡绿色。胞果扁球形；种子卵形，黑褐色。花期 6~9 月，果期 7~10 月。

反枝苋 *Amaranthus retroflexus*

苋科 Amaranthaceae   苋属 *Amaranthus*

高 20~80cm，有时达 1m 以上。茎直立，粗壮，单一或分枝，淡绿色，密生短柔毛。叶片菱状卵形或椭圆状卵形，顶端锐尖或尖凹，有小凸尖，基部楔形，全缘或波状缘，两面及边缘有柔毛，下面毛较密。圆锥花序顶生及腋生。胞果扁卵形；种子近球形，边缘钝。花期 7~8 月，果期 8~9 月。

苋 *Amaranthus tricolor*

苋科 Amaranthaceae   苋属 *Amaranthus*

高 80~150cm。茎粗壮，绿色或红色，常分枝，幼时有毛或无毛。叶片卵形、菱状卵形或披针形，长 4~10cm，宽 2~7cm，绿色或常成红色、紫色或黄色，或部分绿色夹杂其他颜色，先端圆钝，具凸尖，基部楔形，全缘或波状缘，无毛。花簇腋生。胞果卵状矩圆形；种子近圆形或倒卵形，边缘钝。花期 5~8 月，果期 7~9 月。

刺苋 *Amaranthus spinosus*

苋科 Amaranthaceae　　苋属 *Amaranthus*

高 30~100cm。茎直立，圆柱形或钝棱形，多分枝，有纵条纹，绿色或带紫色，无毛或稍有柔毛。叶片菱状卵形或卵状披针形，叶柄长 1~8cm，无毛，在其旁有 2 刺，刺长 5~10mm。圆锥花序腋生及顶生，花被片绿色。胞果矩圆形；种子近球形，黑色或带棕黑色。花果期 7~11 月。

猪毛菜 *Kali collinum*

苋科 Amaranthaceae　　猪毛菜属 *Kali*

高 20~100cm。茎自基部分枝，枝互生，伸展，茎、枝绿色，有白色或紫红色条纹，生短硬毛或近于无毛。叶片丝状圆柱形，伸展或微弯曲，生短硬毛，顶端有刺状尖，基部边缘膜质，稍扩展而下延。花序穗状，生枝条上部；花被片膜质，果时硬化，背面的附属物呈鸡冠状。种子横生或斜生。花期 7~9 月，果期 9~10 月。

藤长苗 *Calystegia pellita*
<small>cháng</small>

旋花科 Convolvulaceae　　打碗花属 *Calystegia*

根细长。茎缠绕或下部直立，圆柱形，有细棱，密被灰白色或黄褐色长柔毛。叶长圆形或长圆状线形，顶端钝圆或锐尖，具小短尖头，通常背面沿中脉密被长柔毛。花腋生，单一，花梗短于叶，密被柔毛；苞片卵形，萼片近相等，花冠淡红色。蒴果近球形；种子卵圆形，无毛。

打碗花 *Calystegia hederacea*

全体不被毛,植株高 8~30(~40)cm,常自基部分枝;具细长白色的根。茎平卧,有细棱。基部叶片长圆形,先端圆,基部戟形;茎上部叶三角状戟形。花腋生,1 朵;花梗长于叶柄,有细棱;苞片宽卵形,顶端钝或锐尖至渐尖;花冠淡紫色或淡红色,钟状。蒴果卵球形;种子黑褐色,表面有小疣。

圆叶牵牛　*Ipomoea purpurea*

旋花科 Convolvulaceae　　虎掌藤属 *Ipomoea*

茎缠绕，茎上被倒向的短柔毛，杂有倒向或开展的长硬毛。叶圆心形或宽卵状心形。花腋生，单一或 2~5 朵着生于花序梗顶端成伞形聚伞花序；花冠漏斗状，紫红色、红色或白色，花盘环状。蒴果近球形；种子卵状三棱形，被极短的糠秕状毛。

牵牛 *Ipomoea nil*

旋花科 Convolvulaceae　　虎掌藤属 *Ipomoea*

　　茎缠绕，茎上被倒向的短柔毛，杂有倒向或开展的长硬毛。叶宽卵形或近圆形，深或浅3裂，基部圆，心形。花腋生，单一或通常2朵着生于花序梗顶；花冠漏斗状，蓝紫色或紫红色，花冠管色淡。蒴果近球形；种子卵状三棱形。

金灯藤　*Cuscuta japonica*

旋花科 Convolvulaceae　　菟丝子属 *Cuscuta*

一年生寄生缠绕草本，茎较粗壮，肉质，黄色，常带紫红色瘤状斑点，无毛，多分枝，无叶。花无梗或几无梗，形成穗状花序，长达3cm，基部常多分枝；苞片及小苞片鳞片状，卵圆形，顶端尖，全缘，沿背部增厚；花冠钟状，淡红色或绿白色。蒴果卵圆形；种子1~2个，褐色。花期8月，果期9月。

南方菟丝子 *Cuscuta australis*

旋花科 Convolvulaceae　　菟丝子属 *Cuscuta*

茎缠绕，金黄色，纤细，直径 1mm 左右，无叶。花序侧生，少花或多花簇生成小伞形或小团伞花序，总花序梗近无；花梗稍粗壮，长 1~2.5mm；花萼杯状，基部连合，裂片 3~4（~5），长圆形或近圆形，长 0.8~1.8mm，顶端圆；花冠乳白色或淡黄色，杯状，长约 2mm。蒴果扁球形；种子通常有 4 颗，淡褐色，卵形。

田旋花 *Convolvulus arvensis*

旋花科 Convolvulaceae　　旋花属 *Convolvulus*

根状茎横走。茎平卧或缠绕，有条纹及棱角，无毛或上部被疏柔毛。叶卵状长圆形至披针形，长 1.5~5cm，全缘或3 裂；叶柄长 1~2cm；叶脉羽状，基部掌状。花序腋生，总梗长 3~8cm，1 或有时 2~3 至多花，花梗比花萼长得多；花冠白或淡红色，宽漏斗形。蒴果卵状球形或圆锥形；种子卵圆形。花期 6~8 月，果期 6~9 月。

^{xiē}蝎子草 *Girardinia diversifolia* subsp. *suborbiculata*

荨麻科 Urticaceae　　蝎子草属 *Girardinia*

茎高 30~100cm，麦秆色或紫红色，疏生刺毛和细糙伏毛，几不分枝。叶宽卵形或近圆形，长 5~19cm，宽 4~18cm，上面疏生纤细的糙伏毛，下面有稀疏的微糙毛；叶柄长 2~11cm，疏生刺毛和细糙伏毛。团伞花序枝密生刺毛，连同主轴生近贴生的短硬毛。瘦果宽卵形，双凸透镜状，有不规则粗疣点。花期 7~9 月，果期 9~11 月。

狭叶荨麻 *Urtica angustifolia*

荨麻科 Urticaceae　　荨麻属 *Urtica*

有木质化根状茎。茎高 40~150cm，下部粗达 8mm，四棱形，疏生刺毛和稀疏的细糙毛。叶披针形至披针状条形，上面粗糙，生细糙伏毛，具粗而密的缘毛，下面沿脉疏生细糙毛，基出脉 3 条。花序圆锥状，有时近穗状。瘦果卵形或宽卵形，双凸透镜状，近光滑或有不明显的细疣点。花期 6~8 月，果期 8~9 月。

麻叶荨麻 *Urtica cannabina*

荨麻科 Urticaceae　　荨麻属 *Urtica*

横走的根状茎木质化。茎高 50~150cm，下部粗达 1cm，四棱形，常近于无刺毛，具少数分枝。叶片轮廓五角形，掌状 3 全裂，稀深裂，一回裂片再羽状深裂，上面常只疏生细糙毛，后渐变无毛，下面有短柔毛和在脉上疏生刺毛，密布细点状钟乳体。瘦果狭卵形，表面有明显或不明显的褐红色点。花期 7~8 月，果期 8~10 月。

竹叶子 *Streptolirion volubile*

鸭跖草科 Commelinaceae　　竹叶子属 *Streptolirion*

多年生攀缘草本。茎长可达 6m，常无毛。叶柄长 3~10cm，叶片心状圆形，顶端常尾尖，基部深心形，上面多少被柔毛。蝎尾状聚伞花序有花一至数朵，集成圆锥状；总苞片叶状；萼片长 3~5mm，顶端急尖；花瓣白色、淡紫色（而后变白色），线形，略比萼长。蒴果顶端有长达 3mm 的芒状突尖。花期 7~8 月，果期 9~10 月。

野亚麻 *Linum stelleroides*

亚麻科 Linaceae　　亚麻属 *Linum*

高 20~90cm。茎直立，圆柱形，基部木质化，有凋落的叶痕点，不分枝或自中部以上多分枝，无毛。叶互生，线形、线状披针形或狭倒披针形，无柄，全缘，两面无毛，6 脉 3 基出。单花或多花组成聚伞花序；花瓣 5，淡红、淡蓝或蓝紫色。蒴果球形或扁球形，有纵沟 5 条；种子长圆形。花期 6~9 月，果期 8~10 月。

白屈菜 *Chelidonium majus*

主根粗壮，圆锥形，侧根多，暗褐色。茎聚伞状多分枝，分枝常被短柔毛，节上较密，后变无毛。基生叶少，叶片倒卵状长圆形或宽倒卵形，羽状全裂；叶柄长 2~5cm，被柔毛或无毛。伞形花序多花，花梗纤细，长 2~8cm。蒴果狭圆柱形；种子卵形，暗褐色。花果期 4~9 月。

地丁草 *Corydalis bungeana*

罂粟科 Papaveraceae   紫堇属 *Corydalis*

高 10~50cm，具主根。茎自基部铺散分枝，灰绿色，具棱。基生叶多数，长 4~8cm，叶柄约与叶片等长，基部多少具鞘，边缘膜质；叶片上面绿色，下面苍白色，二至三回羽状全裂，一回羽片 3~5 对，具短柄，二回羽片 2~3 对。茎生叶与基生叶同形。总状花序多花，花粉红色至淡紫色。蒴果椭圆形，下垂，具 2 列种子；种子边缘具 4~5 列小凹点。

野鸢尾 *Iris dichotoma*

yuān

鸢尾科 Poaceae　　鸢尾属 *Iris*

　　根状茎为不规则的块状，棕褐色或黑褐色；须根发达，粗而长。叶基生或在花茎基部互生，剑形，两面灰绿色，长15~35cm，顶端多弯曲呈镰刀形，基部鞘状抱茎，无明显的中脉。花蓝紫色或浅蓝色，有棕褐色的斑纹，直径 4~4.5cm；花梗常超出苞片。蒴果圆柱形或略弯曲；种子椭圆形，有小翅。花期 7~8 月，果期 8~9 月。

马蔺 *Iris lactea*

^{lìn}

鸢尾科 Poaceae   鸢尾属 *Iris*

多年生密丛草本。根状茎粗壮，木质，斜伸，外包有大量致密的红紫色折断的老叶残留叶鞘及毛发状的纤维；须根粗而长。叶基生，坚韧，灰绿色，条形或狭剑形，长约50cm，顶端渐尖，基部鞘状，带红紫色，无明显中脉。花茎高3~10cm，花蓝紫或乳白色。蒴果长椭圆状柱形，有6条明显的肋；种子为不规则的多面体。花期5~6月，果期6~9月。

远志 *Polygala tenuifolia*

远志科 Polygalaceae 远志属 *Polygala*

高 15~50cm。主根粗壮，韧皮部肉质，浅黄色，长达
10cm 以上。茎多数丛生，直立或倾斜，具纵棱槽，被短柔
毛。单叶互生，叶片纸质，线形至线状披针形，长 1~3cm，
宽 0.5~1（~3）mm，全缘，反卷，无毛或极疏被微柔毛。总
状花序呈扁侧状生于小枝顶端，花瓣紫色。蒴果圆形；种子
卵形。花果期 5~9 月。

西伯利亚远志 *Polygala sibirica*

远志科 Polygalaceae　　远志属 *Polygala*

高 10~30cm。根直立或斜伸，木质。茎丛生，通常直立，被短柔毛。叶互生，叶片纸质至亚革质，下部叶小卵形，长约 6mm，宽约 4mm，两面被短柔毛，主脉上面凹陷，背面隆起。总状花序腋外生或假顶生，花瓣蓝紫色，侧瓣倒卵形。蒴果近倒心形，具狭翅及短缘毛；种子长圆形。花期 4~7 月，果期 5~8 月。

斑种草 *Bothriospermum chinense*

紫草科 Boraginaceae　　斑种草属 *Bothriospermum*

高 20~30cm，密生开展或向上的硬毛。根为直根，细长，不分枝。茎数条丛生，直立或斜升，中上部常分枝。基生叶及茎下部叶具长柄，匙形或倒披针形，通常长 3~6cm，稀达 12cm，宽 1~1.5cm，先端圆钝，基部渐狭为叶柄，边缘皱波状或近全缘。花序长 5~15cm，具苞片；花冠淡蓝色，花丝极短。小坚果肾形，有网状皱褶及稠密的粒状突起，腹面有椭圆形的横凹陷。花期 4~6 月。

多苞斑种草 *Bothriospermum secundum*

紫草科 Boraginaceae　　斑种草属 *Bothriospermum*

高 25~40cm，具直伸的根。茎单一或数条丛生，由基部分枝，开展或向上直伸，被向上开展的硬毛及伏毛。基生叶具柄，倒卵状长圆形；茎生叶长圆形或卵状披针形，无柄，两面均被具基盘的硬毛及短硬毛。花序生茎顶及腋生枝条顶端，长 10~20cm；花冠蓝色至淡蓝色。小坚果卵状椭圆形，密生疣状突起，腹面有纵椭圆形的环状凹陷。花期 5~7 月。

狭苞斑种草 *Bothriospermum kusnetzowii*

紫草科 Boraginaceae   斑种草属 *Bothriospermum*

高 15~40cm。茎数条丛生，直立或平卧，被开展的硬毛及短伏毛，下部多分枝。基生叶莲座状，倒披针形或匙形，先端钝，基部渐狭成柄，边缘有波状小齿，两面疏生硬毛及伏毛；茎生叶无柄，长圆形或线状倒披针形。花序长 5~20cm，具苞片；苞片线形或线状披针形；花冠淡蓝色、蓝色或紫色。小坚果椭圆形，密生疣状突起，腹面的环状凹陷圆形。花果期 5~7 月。

附地菜 *Trigonotis peduncularis*

紫草科 Boraginaceae　　附地菜属 *Trigonotis*

茎通常多条丛生，高 5~30cm。基生叶呈莲座状，有叶柄，叶片匙形，长 2~5cm。花序生茎顶，花梗短，花后伸长，长 3~5mm；花冠淡蓝色或粉色。小坚果斜三棱锥状四面体形，长 0.8~1mm。早春开花，花期甚长。

钝萼附地菜 *Trigonotis peduncularis* var. *amblyosepala*

紫草科 Boraginaceae　　　附地菜属 *Trigonotis*

茎多条丛生，高 7~40cm，被短伏毛。基生叶密集，有长柄，叶片通常匙形或狭椭圆形。花序生于茎及小枝顶端，花冠蓝色。小坚果 4，直立，斜三棱锥状四面体形，长约 1mm，有短毛，背面凸起呈三角状卵形，先端尖，具 3 锐棱，腹面的 2 个侧面近等大。早春即开花，花果期较长。

鹤虱 *Lappula myosotis*

紫草科 Boraginaceae　　鹤虱属 *Lappula*

茎直立，高 30~60cm，中部以上多分枝，密被白色短糙毛。基生叶长圆状匙形，全缘，先端钝，基部渐狭成长柄，长达 7cm（包括叶柄），两面密被具白色基盘的长糙毛。花冠淡蓝色，漏斗状至钟状。小坚果卵状，长 3~4mm，背面通常有颗粒状疣突，稀平滑或沿中线龙骨状突起上有小棘突，边缘有 2 行近等长的锚状刺；腹面通常具棘状突起或有小疣状突起。花果期 6~9 月。

角蒿　*Incarvillea sinensis*

紫葳科 Bignoniaceae　　角蒿属 *Incarvillea*

高达 80cm。根近木质而分枝。茎分枝。叶互生，不聚生于茎的基部，二至三回羽状细裂，形态多变异，长 4~6cm，小叶不规则细裂，末回裂片线状披针形，具细齿或全缘。顶生总状花序，疏散，长达 20cm；花梗长 1~5mm；小苞片绿色，线形，长 3~5mm；花冠淡玫瑰色或粉红色。蒴果淡绿色；种子扁圆形，细小，顶端具缺刻。花期 5~9 月，果期10~11 月。

酢浆草 *Oxalis corniculata*
cù

酢浆草科 Oxalidaceae   酢浆草属 *Oxalis*

高 10~35cm，全株被柔毛。根茎稍肥厚。茎细弱，多分枝，直立或匍匐，匍匐茎节上生根。叶基生或茎上互生。花单生或数朵集为伞形花序状，腋生；总花梗淡红色；花瓣黄色，长圆状倒卵形。蒴果长圆柱形，长 1~2.5cm，5棱；种子长卵形，褐色或红棕色，具横向肋状网纹。花果期2~9 月。

中文名索引

中文名索引

中文名索引

学
名
索
引

北
京
常
见
草
地
植
物
识
别
手
册

R